Christine Dumouchel

Stratégies visant à rétablir et maintenir les chauves-souris du Québec

Christine Dumouchel

Stratégies visant à rétablir et maintenir les chauves-souris du Québec

Éditions universitaires européennes

Impressum / Mentions légales

Bibliografische Information der Deutschen Nationalbibliothek: Die Deutsche Nationalbibliothek verzeichnet diese Publikation in der Deutschen Nationalbibliografie; detaillierte bibliografische Daten sind im Internet über http://dnb.d-nb.de abrufbar.

Information bibliographique publiée par la Deutsche Nationalbibliothek: La Deutsche Nationalbibliothek inscrit cette publication à la Deutsche Nationalbibliografie; des données bibliographiques détaillées sont disponibles sur internet à l'adresse http://dnb.d-nb.de.

Coverbild / Photo de couverture: www.ingimage.com

Verlag / Editeur:
Éditions universitaires européennes
ist ein Imprint der / est une marque déposée de
OmniScriptum GmbH & Co. KG
Heinrich-Böcking-Str. 6-8, 66121 Saarbrücken, Deutschland / Allemagne
Email: info@editions-ue.com

Herstellung: siehe letzte Seite /
Impression: voir la dernière page
ISBN: 978-3-8416-7030-4

REMERCIEMENTS

Je tiens avant tout à remercier mon directeur d'essai, M. Stéphane Tanguay, pour sa rigueur dans ses commentaires et pour son souci de toujours me pousser plus loin dans mes réflexions. C'est ce qui m'a permis de me surpasser tout au long de ma rédaction et de me rendre très fière du résultat final. Son écoute, son encadrement et sa disponibilité, malgré son horaire chargé, ont été très appréciés.

Je veux également remercier tout particulièrement mon conjoint, sans qui la rédaction de cet essai n'aurait pas été aussi plaisante. Ses encouragements, ses conseils et sa bonne humeur ont su me redonner de la motivation quand j'en avais le plus besoin. Je remercie sincèrement ma famille et mes amis d'être toujours là pour moi et de m'appuyer dans mes projets. Votre soutien compte énormément.

Je remercie aussi Mme Nathalie Desrosiers, biologiste et coordonnatrice provinciale de l'équipe de rétablissement des chauves-souris au Ministère des Forêts, de la Faune et des Parcs, qui a été généreuse de son temps pour discuter avec moi de la situation des chiroptères au Québec. Merci aussi à tous ceux qui ont répondu à mon sondage; votre participation a été très utile.

Enfin, je tiens à souligner l'influence de toutes ces personnes marquantes au cours de mon cheminement, tant académique que professionnel, qui ont su me transmettre leur passion pour les sciences naturelles. C'est grâce à vous si j'ai décidé d'étudier la biologie, puis l'environnement, et poursuivre ma carrière dans ces domaines si intéressants et, surtout, si importants.

TABLE DES MATIÈRES

LISTE DES FIGURES ET DES TABLEAUX

LISTE DES ACRONYMES, DES SYMBOLES ET DES SIGLES

BANANA	*Build Absolutely Nothing Anywhere Near Anything*
BCI	*Bat Conservation International*
C2S2	*Conservation Centers for Species Survival*
CETAB+	Centre d'expertise et de transfert en agriculture biologique et de proximité
CIFQ	Conseil de l'industrie forestière du Québec
COSEPAC	Comité sur la situation des espèces en péril au Canada
CPEQ	Conseil patronal de l'environnement du Québec
CWA	*Center for Wild Animals of Kalmykia*
DDT	Dichlorodiphényltrichloroéthane
DFTD	*Devil facial tumour disease*
GPS	*Global Positioning System*
LCMVF	*Loi sur la conservation et la mise en valeur de la faune*
LEMV	*Loi sur les espèces menacées ou vulnérables*
LEP	*Loi sur les espèces en péril*
LPO	Ligue pour la Protection des Oiseaux
MDDEFP	Ministère du Développement durable, de l'Environnement, de la Faune et des Parcs
MDDELCC	Ministère du Développement durable, de l'Environnement et de la Lutte contre les changements climatiques
MERN	Ministère de l'Énergie et des Ressources naturelles

MFFP	Ministère des Forêts, de la Faune et des Parcs
MRN	Ministère des Ressources naturelles
MRNF	Ministère des Ressources naturelles et de la Faune
MSSS	Ministère de la Santé et des Services sociaux
NIMBY	*Not in my back yard*
NSS	*National Speleological Society*
Opie	Office pour les insectes et leur environnement
OQLF	Office québécois de la langue française
RICEMM	Réserve internationale de ciel étoilé du Mont-Mégantic
RSM	*Règlement sur les substances minérales autres que le pétrole, le gaz naturel et la saumure*
SCA	*Saiga Conservation Alliance*
Sépaq	Société des établissements de plein air du Québec
SMB	Syndrome du museau blanc
SQS	Société québécoise de spéléologie
UV	Rayons ultraviolets
WWF	*World Wide Fund*

LEXIQUE

Barotraumatisme

Le barotraumatisme se définit par des blessures internes infligées à l'abdomen et au thorax et qui sont causées par une exposition de la chauve-souris aux changements rapides de pression survenant à proximité des éoliennes en mouvement. (Baerwald et autres, 2008)

Biodiversité

La biodiversité, ou diversité biologique, représente la gamme complète de toutes les espèces du monde, soit la richesse globale de la nature. Plus spécifiquement, la biodiversité représente l'ensemble des communautés biologiques avec leurs interactions au sein des écosystèmes. Elle englobe également les variations génétiques et écologiques entre les espèces. (Primack, 2010)

Bio-indicateur

Un bio-indicateur, ou espèce indicatrice, est une espèce qui fournit des informations, grâce à sa simple présence ou à son état particulier qui permettent de déterminer certaines caractéristiques d'un milieu naturel (Office québécois de la langue française (OQLF), 2012).

Chiroptère

Ordre des chauves-souris (Prescott et Richard, 2013).

Clé dichotomique

Une clé dichotomique est un outil utilisé pour discerner des organismes semblables dans l'objectif de les identifier et de les classer. Son fonctionnement se base sur la proposition de

	choix liés aux caractéristiques visuelles des spécimens. (Musée de la nature et des sciences Inc., 2010)
Écosystème	Un écosystème se définit comme étant un ensemble dynamique composé d'organismes vivants variés et du milieu dans lequel ils prospèrent (OQLF, 2014).
Écotourisme	L'écotourisme est une manière de voyager et de visiter des lieux de manière responsable dans des régions naturelles et à peine perturbées par l'humain (OQLF, 2010).
Espèce clé	Une espèce clé se définit comme étant une espèce particulière qui détient un rôle primordial pour la plupart des autres espèces présentes dans un écosystème donné (Krebs, 2009).
Espèce ombrelle	Une espèce ombrelle, également désignée espèce parapluie ou espèce paravent, représente un organisme qui occupe un très grand territoire ou dont les besoins écologiques englobent ceux de nombreuses autres espèces, faisant en sorte que si ces derniers sont satisfaits, ceux des autres espèces le seront également (Primack, 2010).
Eutrophisation	L'eutrophisation est le résultat d'un enrichissement d'un plan d'eau par un excès de nutriments, souvent représentés par l'azote et le phosphore, qui aboutit en une croissance effrénée de végétaux aquatiques ou de cyanobactéries, réduisant, par le fait même, la

	quantité d'oxygène disponible en eau profonde (OQLF, 2007a).
Hibernacle	Un hibernacle est le dortoir où les chauves-souris passent l'hiver (OQLF, 2007b).
Mesure	La mesure, ou mesure de conservation, est le terme employé dans cet essai pour désigner les actions pouvant se retrouver au sein des stratégies.
Norme sociale	Une norme sociale est l'établissement de règles de conduite ou la promotion d'habitudes afin de susciter un comportement approuvé socialement chez un groupe d'individus. Ainsi, elle peut exercer une pression sociale afin de pousser ces derniers à adopter un comportement donné. (Fischer, 2009)
Programme de conservation	Le programme de conservation est le terme utilisé dans cet essai pour désigner l'ensemble des stratégies pouvant se mettre en place pour maintenir ou rétablir les espèces de chauves-souris.
Psychrophile	Un organisme dit « psychrophile » se définit comme en étant un qui est adapté aux températures froides (Fenton, 2012).
Résilience communautaire	La résilience communautaire est la capacité d'une communauté à s'adapter à l'adversité qui peut être associée aux changements apportés par un nouveau projet (Kulig et autres, 2008).

Stratégie	La stratégie, ou stratégie de conservation, est le terme employé dans cet essai pour désigner un moyen pouvant se mettre en place pour rétablir et/ou maintenir les populations de chauves-souris. La stratégie peut inclure plusieurs mesures de conservation.
Vespertilionidé	Famille des chauves-souris du Québec (Prescott et Richard, 2013).

INTRODUCTION

La diversité biologique, ou biodiversité, est de plus en plus admise comme étant nécessaire à la prospérité de l'humain et de son environnement. Malheureusement, la biodiversité est en constante diminution due aux nombreuses menaces engendrées par l'humain telles que la consommation effrénée des ressources, l'urbanisation des milieux, les exploitations de toutes sortes et la multitude d'autres activités pratiquées par l'homme (Caro et autres, 2012). Les extinctions d'origine anthropique se comptent maintenant par milliers voire même par millions, en considérant tous les types d'organismes. Ironiquement, les impacts provoqués par la matérialisation de la menace qui pèse sur la biodiversité mondiale atteint inévitablement les populations humaines. En effet, l'humain est dépendant des services écologiques conférés par la nature et par les organismes qui la composent. Que ce soit pour y puiser les matières premières, y trouver de la nourriture ou pour avoir accès à une eau et un air de qualité, la protection des milieux naturels et de leur biodiversité est primordiale. (Primack, 2010)

Ainsi, mettre en place des mesures pour protéger et conserver la biodiversité prend tout son sens. La situation des espèces en voie d'extinction ou à statut précaire est d'autant plus urgente, particulièrement pour celles qui confèrent des services écologiques importants aux communautés humaines. C'est le cas d'une importante proportion des espèces de chiroptères, les seuls mammifères volants du monde. À l'échelle de la planète, près de 25 % de toutes les espèces de chauves-souris, soit 238 espèces sur les 1001 identifiées, sont présentement considérées comme menacées (Mickleburgh et autres, 2002). Le Québec

1

ne fait pas exception à la règle. Actuellement, les populations de plusieurs espèces de chauves-souris sont en grand déclin un peu partout au Québec. Chez certaines espèces, dont particulièrement la petite chauve-souris brune, ce sont plus de 6 millions d'individus qui ont été décimés en l'espace de quelques années seulement, dans le nord-est des États-Unis et dans l'est du Canada (Forbes, 2012).

Diverses raisons peuvent expliquer ce phénomène, à savoir le syndrome du museau blanc (SMB), la perte d'habitats et les activités humaines telles que l'installation d'éoliennes (Tremblay et Jutras, 2010). Sachant que les chauves-souris du Québec sont toutes insectivores (Québec. Ministère des Forêts, de la Faune et des Parcs (MFFP), s. d.; Jutras et autres, 2012) et consomment une bonne proportion d'insectes nuisibles, des ravageurs de récolte ou des vecteurs de maladies tels les moustiques (Boisseau, 2014), il est de plus en plus admis que de nombreux bénéfices et services écologiques sont conférés par ces animaux. Ainsi, comme plusieurs impacts économiques, environnementaux et sociaux peuvent découler du déclin des populations de chauves-souris, il est légitime de se demander quelles pourraient être les actions les plus appropriées à mettre en place pour sauvegarder ces espèces animales.

Dans cette optique, la *Loi sur les espèces en péril* (LEP) exige la mise en place d'un plan de rétablissement pour toute espèce inscrite comme disparue du pays, en voie de disparition, menacée ou préoccupante selon la Loi (Canada. Parcs Canada, 2013). Parmi les huit espèces de chauves-souris présentes au Québec, trois sont considérées en voie de disparition au fédéral (Canada. Comité sur la situation des espèces en péril au Canada (COSEPAC), 2013a). Or, à ce jour, aucun plan de rétablissement

2

n'a été rédigé pour une espèce de chauve-souris présente au Québec (Desrosiers, 2015). Par ailleurs, cinq espèces de chauves-souris du Québec, dont quatre différentes de celles considérées par le COSEPAC, ont été identifiées comme étant susceptibles d'être désignées menacées ou vulnérables par la *Loi sur les espèces menacées ou vulnérables* (LEMV), qui est une loi provinciale.

Cet essai vise à déterminer quelles seraient les différentes stratégies qui pourraient être mises de l'avant pour permettre le rétablissement et le maintien des populations de chauves-souris. Dans un monde idéal, toutes stratégies ayant le potentiel d'arriver à cette fin devraient être mises en place le plus rapidement possible. Cependant, il est important de noter que les différents programmes de financement ou organismes pouvant contribuer financièrement à l'aboutissement de ces stratégies ne sont pas nécessairement intéressés par chacune d'elles et n'ont peut-être pas le budget requis pour arriver à toutes les mettre en branle. De plus, les opportunités et les circonstances peuvent faire en sorte que certaines stratégies sont plus faciles à mettre en place que d'autres pour les instances désirant jouer un rôle à ce propos. Pour ces raisons, l'essai ne vise pas à identifier une stratégie unique, mais bien à prioriser celles qui sont les plus intéressantes afin d'obtenir les meilleures chances de succès dans la conservation des populations de chauves-souris du Québec.

Pour y arriver, les stratégies sont regroupées en quatre grandes orientations. Trois d'entre elles sont associées à chacune des raisons du déclin. Concrètement, elles regroupent donc les stratégies visant la diminution des effets du syndrome du museau blanc, celles visant la conservation d'habitats propices aux chauves-souris et celles visant l'atténuation des impacts des activités humaines.

Compte tenu du cas particulier de la chauve-souris, une quatrième orientation est associée à la sensibilisation et à la communication en regroupant les stratégies visant l'appui du public. En effet, la chauve-souris n'est pas un animal charismatique susceptible d'obtenir facilement l'appui de la population. Son aspect lugubre, les superstitions et les préjugés lui étant liés, ainsi que sa capacité à transmettre la rage, sont tous des éléments ne jouant pas en sa faveur (Bat Conservation International (BCI), 2014). La quatrième orientation est donc particulièrement importante pour tenter d'augmenter l'acceptabilité sociale de la conservation de ces animaux.

Ainsi, cet essai vise à atteindre sept objectifs distincts. Le premier est de dresser un portrait des espèces de chauves-souris québécoises. Le second vise à identifier les raisons du déclin de leurs populations. Le troisième cible l'identification des impacts économiques, sociaux et environnementaux de ce déclin au Québec. Le quatrième est en lien avec le rôle de l'appui du public dans le rétablissement d'espèces à statut précaire. Le cinquième vise à réaliser un inventaire des stratégies pouvant être utilisées pour rétablir et maintenir les populations de chauves-souris. Le sixième propose d'analyser les stratégies pertinentes s'appliquant au cas de la chauve-souris pour en optimiser l'acceptabilité sociale et la survie. Finalement, à la lumière des informations obtenues lors de l'atteinte des objectifs précédents, le septième objectif spécifique vise à recommander les stratégies les plus performantes pour rétablir et maintenir les espèces de chauves-souris du Québec.

Pour ce faire, la documentation et les informations utilisées dans le présent essai ont été sélectionnées pour leur qualité et leur pertinence. Des sources récentes, objectives, crédibles et de niveau académique ont été priorisées pour l'ensemble du travail. Concrètement, les données secondaires ont surtout été collectées à l'aide de revues de la littérature scientifique, d'articles, de textes d'opinion et de publications gouvernementales. Une attention particulière a été accordée aux plans de rétablissements d'espèces à statut précaire, afin de s'en inspirer pour déterminer des stratégies de maintien et de rétablissement pour les chauves-souris. Les références ont été trouvées à l'aide d'Internet, de banques de données et des différentes bibliothèques de l'Université de Sherbrooke, particulièrement pour les ouvrages et les monographies. Par ailleurs, des données primaires ont été collectées auprès de spécialistes pouvant commenter la situation de la chauve-souris au Québec. Elles proviennent également d'un sondage réalisé afin d'obtenir de l'information quant à l'opinion des Québécois à propos des chauves-souris. Les questions utilisées dans le cadre de ce sondage sont disponibles à l'annexe 1.

Le présent essai se divise en sept chapitres. Le premier traite du portrait des espèces de chauves-souris du Québec et il y est question des obstacles liés aux méthodes de suivi de leurs populations, de la description des espèces et de leur état actuel. Le second chapitre porte sur les principales raisons citées dans la littérature scientifique pour expliquer le déclin de ces animaux. Le troisième chapitre rend compte des différents bénéfices que les chauves-souris peuvent avoir pour l'humain et son milieu, dans le but de démontrer les impacts que le déclin de ces populations peut avoir sur la qualité de vie des Québécois. Le quatrième chapitre porte sur les différents rôles et les impacts que peuvent avoir l'appui du public dans le rétablissement et le maintien d'une espèce non charismatique à statut précaire telle que la chauve-souris. Le cinquième chapitre inventorie les stratégies pouvant contribuer au rétablissement ou au maintien des populations de chauves-souris du Québec. Le sixième chapitre aborde l'analyse des différentes stratégies évoquées ultérieurement afin de les prioriser pour chacune des grandes orientations à l'étude. Finalement, le dernier chapitre présente les recommandations tirées de l'analyse et des réflexions sur l'ensemble de l'essai, afin d'exposer des pistes de solutions claires pour la problématique à l'étude.

1. PORTRAIT DES ESPÈCES DE CHAUVES-SOURIS QUÉBÉCOISES

Ce premier chapitre expose la situation et l'état des chauves-souris du Québec afin de permettre au lecteur de bien saisir la problématique à l'étude. Il présente tout d'abord les différents obstacles auxquels doivent faire face les biologistes pour effectuer des suivis de populations de chauves-souris. Il est important de prendre conscience de ces difficultés, car elles expliquent l'incertitude et le manque de précisions quant aux données recueillies, ce qui peut avoir un impact non négligeable sur l'interprétation du portait des populations de chauves-souris du Québec.

Ensuite, le chapitre présente une brève description du comportement et des habitudes de chacune des espèces présentes au Québec. Il sera ainsi plus aisé de comprendre quel facteur ou quelle activité engendre le plus d'effets nuisibles sur une espèce donnée. Il sera également plus facile de saisir lesquelles de ces espèces peuvent être concernées par les différentes stratégies de rétablissement et de maintien des populations.

1.1. Obstacles dans la précision des méthodes de suivi des chauves-souris

Pour déterminer l'état d'une espèce, il faut pouvoir effectuer des recensements adéquats des populations sur plusieurs années afin de mettre en lumière sa tendance démographique. C'est de cette façon que les biologistes peuvent affirmer qu'une espèce vit un déclin ou une croissance dans ses populations. Or, les chauves-souris sont des animaux très difficiles à quantifier sur ce plan et exigent souvent plusieurs méthodes de suivi.

Plusieurs facteurs comportementaux peuvent expliquer la difficulté qu'ont les biologistes à effectuer de tels suivis. Les chauves-souris sont principalement nocturnes et se déplacent souvent d'un site à l'autre au courant d'une saison. Certaines espèces sont essentiellement solitaires et se cachent parmi le feuillage des arbres, alors que d'autres vivent au sein d'énormes colonies dans des lieux facilement identifiables comme des cavernes ou des greniers. Aussi, leurs cycles annuels complexifient la tâche, car certaines espèces sont migratrices alors que d'autres forment des colonies de tailles différentes au cours de l'année, selon le sexe et l'âge des individus qui les composent. Par exemple, chez certaines espèces, les femelles se perchent ensemble au sein d'une grande colonie alors que les mâles sont éparpillés ailleurs en solitaires. Dans ces cas, il est difficile d'avoir l'heure juste quant à la véritable ampleur de la population. (O'Shea et autres, 2003)

Pour les espèces hibernantes, comme c'est le cas pour la plupart des chauves-souris québécoises, les hibernacles représentent un bon endroit pour tenter de les quantifier. Cependant, dans les cas où la densité de chauve-souris est très forte, le dénombrement ne se fait habituellement qu'en estimant un nombre selon la superficie recouverte de chauve-souris (Tuttle, 1975 ; Thomas et LaVal, 1988). Or, des crevasses, ainsi que toutes sortes de structures et de reliefs, forment des zones qui sont impossibles d'accès pour les biologistes, faisant en sorte qu'une partie de la colonie reste toujours inconnue des chercheurs utilisant cette technique (Tuttle, 2003).

Heureusement, des progrès récents dans la photographie numérique ont permis d'améliorer la capacité de dénombrer les chauves-souris dans les hibernacles. En effet, en utilisant une numérisation couplée à un système d'information géographique (SIG) sur la photographie numérique, il est possible de compter les chauves-souris avec une grande précision. Cette technique permet d'obtenir des données de recensement plus près de la réalité, tout en diminuant la marge d'erreur par rapport aux techniques autrefois utilisées. De ce fait, des mesures de gestion peuvent être mises en place plus efficacement. (Meretsky et autres, 2010)

Pour les espèces arboricoles, la grande difficulté de leur dénombrement repose sur le fait qu'elles sont souvent éparpillées dans les arbres et que certaines, comme celles du Québec, vont migrer sur des distances excédant plusieurs milliers de kilomètres. La technique pour les dénombrer est donc l'échantillonnage par la méthode de présence-absence à l'aide de filets japonais et grâce à de la télémétrie pour situer les colonies. (O'Shea, et autres, 2003)

La constatation des déclins de chauves-souris est souvent basée sur des comparaisons entre ce qui est rapporté dans des textes vieillissants et les observations actuelles. À cet effet, des rapports et des articles datant du début du 20e siècle mentionnent fréquemment la présence de grandes volées de chauves-souris effectuant des migrations en plein jour (Howell, 1908; Mearns, 1898) alors qu'aujourd'hui, pour la même région à l'étude, ce type d'observations n'est plus rapportée (Carter et autres, 2003). Or, il n'est pas aisé de valider ce genre d'information et d'en tirer la conclusion que les populations déclinent réellement. Le manque de données de capture, la différence dans les méthodes de détection et de recensement, l'absence de rapports normalisés et l'incapacité de déterminer la proportion de la population totale de l'échantillon concerné font en sorte que les données obtenues auparavant sont souvent incomparables avec celles d'aujourd'hui (Carter et autres, 2003).

Les chauves-souris se déplacent grâce à leur sonar et à leur capacité d'utiliser l'écholocalisation pour s'orienter dans l'obscurité. En bref, elles émettent des ondes sonores qui rebondissent sur les reliefs de leur milieu environnant et captent l'écho qui rebondit jusqu'à leurs oreilles (Altringham, 2011). Il est possible d'identifier les espèces de chauves-souris à l'aide de leur signature sonore, qui est spécifique à chacune d'entre elles (Jutras et autres, 2012). La fréquence des cris émis, leur durée et l'amplitude des fréquences sont toutes des caractéristiques qui forment cette signature (Jutras et autres, 2012). Néanmoins, il est parfois très difficile de distinguer des espèces similaires. C'est d'ailleurs le cas des chauves-souris du genre *Myotis,* qui regroupe trois espèces vivant au Québec (Canada. COSEPAC, 2013b; Jutras et autres, 2012). Dans ce cas-ci, il est nécessaire d'avoir recours à d'autres méthodes d'identification afin de les dissocier.

Au Québec, le Réseau d'inventaires acoustiques est l'organisme qui effectue le suivi des populations de chauves-souris. Ce réseau, faisant appel à des bénévoles, des techniciens de la faune ou des biologistes du MFFP, tente de collecter des données sur la présence des chauves-souris depuis 2000 (Jutras et autres, 2012). En temps normal, un bulletin de liaison nommé *Chirops* est publié pour présenter les résultats obtenus de l'année précédente. Or, le dernier bulletin paru, le n°10, date de 2009. Toutefois, selon la biologiste et coordonnatrice provinciale de l'équipe de rétablissement des chauves-souris au MFFP, la collecte de données s'est poursuivie depuis et ce serait plutôt des raisons financières qui auraient empêché l'analyse et la publication de ces dernières (Desrosiers, 2015).

Pour effectuer les inventaires, les participants utilisent du matériel composé d'un appareil de détection d'ultrasons, d'un GPS (*Global Positioning System*), d'un phare lumineux, d'un guide du participant, d'un protocole et d'une fiche descriptive des conditions d'échantillonnage. Afin d'obtenir des inventaires comparables d'une année à l'autre, les conditions extérieures doivent être similaires à chaque sortie sur le terrain. Ainsi, tous les inventaires ont lieu entre le 15 juin et le 31 juillet, lors de soirées sans précipitation, avec des vents nuls ou sous 5 km/h et une température égale ou supérieure à la normale saisonnière de la région concernée. Les cris sont enregistrés en circulant sur les routes désignées à 20 km/h et sont, par la suite, analysés par un logiciel afin de visualiser les sonagrammes obtenus. (Jutras et autres, 2012)

Néanmoins, certaines lacunes sont observables dans ces façons de faire. D'abord, le recrutement de bénévoles, bien que ces derniers soient des gens passionnés et habitués de faire des inventaires d'oiseaux pour la plupart (Jutras et autres, 2012), n'est pas toujours idéal puisqu'il ne s'agit pas d'experts dans le domaine. Aussi, comme le temps accordé aux inventaires, le nombre de gens qui y participent et les endroits où les activités se déroulent varient d'une année à l'autre (Jutras et Vasseur, 2009), cela diminue la qualité des données recueillies et les rendent difficilement comparables entre elles. Bref, tous ces facteurs contribuent à faire en sorte que le recensement des chauves-souris est incertain.

1.2. Description et situation des chauves-souris du Québec

Toutes les chauves-souris font partie de l'ordre des chiroptères. Ce terme peut être traduit littéralement par les « mains ailées », témoignant de la caractéristique exceptionnelle qu'ont ces mammifères, soit la capacité de voler activement. Au Québec, il existe huit espèces de chauves-souris, faisant toutes parties de la famille des vespertilionidés. Elles ont comme grand point commun leur habitude alimentaire, car elles sont toutes insectivores. À l'état sauvage, les espèces de chauves-souris québécoises peuvent vivre relativement longtemps, avec des moyennes variant de huit à dix ans pour la plupart d'entre elles et allant jusqu'à vingt et même trente ans pour certaines. (Prescott et Richard, 2013)

Le cycle de vie particulier des chauves-souris peut les rendre plus vulnérables que d'autres espèces de mammifères aux différentes menaces qui pèsent sur elles. En effet, les chauves-souris ont, en général, un taux de reproduction très bas, soit souvent d'un seul petit par année. Cette caractéristique fait en sorte qu'il est nécessaire que la survie des adultes soit élevée pour éviter le déclin des populations. De plus, si une perturbation décime une partie d'une colonie donnée, le faible taux de reproduction contraint les chauves-souris à n'espérer qu'une lente reprise des populations touchées. (Barclay et Harder, 2003)

Certaines espèces vivent actuellement un déclin de leur population beaucoup plus important que d'autres. Or, s'il est plus urgent d'agir pour les espèces qui sont les plus précaires afin d'éviter leur extinction, il n'en reste pas moins qu'il faut aussi protéger les populations qui semblent plus stables. Les espèces abondantes sont importantes pour la conservation en général, en raison de leurs impacts sur les écosystèmes et des possibilités de recherches qu'elles offrent. En effet, à cause de leur rôle dans le contrôle des populations d'insectes et dans leur distribution de nutriments à travers le paysage, les espèces de chauves-souris abondantes et répandues peuvent même être considérées comme les plus importantes à protéger du point de vue écologique et économique (Pierson, 1998). Aussi, les espèces qui ont été bien étudiées présentent des opportunités uniques pour synthétiser l'information et mettre en évidence des domaines d'intérêt pour la conservation et la recherche (Agosta, 2002).

En définitive, peu importe le statut officiel conféré à une espèce de chauve-souris, sa conservation est impérative. Qu'il s'agisse d'une espèce en grand déclin ou d'une autre qui est actuellement abondante, les chauves-souris ont toutes leur importance. Afin d'éclaircir les particularités des différentes espèces de chauves-souris du Québec, cette section présente chacune d'entre elles en ordre alphabétique de leur nom commun. La répartition géographique de chacune de ces espèces au Québec est présentée à l'annexe 2.

1.2.1. Chauve-souris argentée

La chauve-souris argentée, ou *Lasionycteris noctivagans* (figure 1.1), est classifiée comme étant susceptible d'être désignée menacée ou vulnérable selon la LEMV.

Figure 1.1 : Chauve-souris argentée (tiré de : Toronto Zoo, s. d., p. 5)

Elle est principalement arboricole et trouve souvent refuge dans la fissure de l'écorce, sur une branche, dans un trou de pic ou encore dans le nid abandonné d'une corneille (Québec. MFFP, s. d.; Prescott et Richard,

13

2013). Il s'agit d'une espèce migratrice. Elle effectue sa migration habituellement vers les mois d'août ou septembre (Prescott et Richard, 2013; Kunz, 1982) et se dirige vers les régions s'étendant du sud de l'État du Michigan à l'est du fleuve Mississippi (Cryan, 2003). Une fois sa migration complétée, elle entrera tout de même en hibernation dans des arbres creux, des cavernes ou des mines (Prescott et Richard, 2013). Elle reviendra au Québec vers la fin du mois de mai (Kunz, 1982; Prescott et Richard, 2013; Tremblay et Jutras, 2010). La chauve-souris argentée s'alimente d'une grande variété d'insectes tels que des lépidoptères, des homoptères, des diptères, des hémiptères, des hyménoptères, des coléoptères et des neuroptères (Prescott et Richard, 2013).

1.2.2.   Chauve-souris cendrée

Tout comme plusieurs chauves-souris du Québec, la chauve-souris cendrée ou *Lasiurus cinereus* (figure 1.2) est considérée comme étant susceptible d'être désignée menacée ou vulnérable selon la LEMV.

Figure 1.2 : Chauve-souris cendrée (tiré de : Toronto Zoo, s. d., p. 5)

Arboricole, la chauve-souris cendrée se distingue de la chauve-souris argentée notamment par sa préférence plus marquée pour le feuillage des arbres pour l'élevage des petits et comme gîte de repos (Prescott et Richard, 2013; Willis et Brigham, 2005). Migratrice, cette chauve-souris passe l'hiver dans la région qui s'étend du sud des États-Unis jusqu'aux

Caraïbes dès le mois de septembre et revient au Québec vers le mois de mai (Cryan, 2003; Prescott et Richard, 2013). Elle peut hiberner dans une crevasse, une caverne ou un nid d'écureuil (Prescott et Richard, 2013). La chauve-souris cendrée s'alimente surtout de gros insectes volants tels que les papillons de nuit et les libellules. Fait intéressant, cette espèce semble être plus souvent porteuse de la rage que les autres espèces. Dans de tels cas, il lui arrive de s'attaquer et d'ingérer de plus petites chauves-souris (Prescott et Richard, 2013). Il s'agit d'ailleurs de la plus grande espèce de chauve-souris du Québec (Prescott et Richard, 2013).

1.2.3. Chauve-souris nordique

La chauve-souris nordique, également appelée vespertilion nordique ou *Myotis septentrionalis* (figure 1.3), n'est pas susceptible d'être désignée menacée ou vulnérable au Québec.

Figure 1.3 : Chauve-souris nordique (tiré de : Toronto Zoo, s. d., p. 4)

Cependant, elle est désignée en voie de disparition par le COSEPAC (Canada. COSEPAC, 2013a). Beaucoup de raisons motivent cette nomination, dont de grands déclins de ses populations attribués au syndrome du museau blanc (SMB), notamment au Québec selon les données du COSEPAC (Canada. COSEPAC, 2013b), faisant en sorte que ce n'est probablement qu'une question de temps avant que la législation québécoise ne lui attribut un certain statut de précarité. Cette espèce passe tout l'hiver au Québec, dans des cavernes humides (Prescott et Richard, 2013). Le restant de l'année, la chauve-souris nordique peut utiliser plusieurs perchoirs différents tels que des bâtiments, des arbres ou des structures rocheuses (Caceres et Barclay, 2000). Cette espèce de chauve-souris est une opportuniste et ne serait limitée que par la taille des insectes qu'elle ingère (Kunz, 1973). La chauve-souris nordique peut donc dévorer une grande panoplie d'insectes différents. Contrairement à plusieurs autres chauves-souris insectivores, elle ne s'alimente pas seulement sur des proies en vol, mais également sur celles posées sur un substrat (Faure et autres, 1993).

1.2.4. Chauve-souris pygmée de l'Est

La plus petite des chauves-souris du Québec est la chauve-souris pygmée de l'Est, également nommée vespertilion pygmée de l'Est ou *Myotis leibii* (figure 1.4) (Prescott et Richard, 2013).

Figure 1.4 : Chauve-souris pygmée de l'Est (tiré de : Toronto Zoo, s. d., p. 4)

Elle est considérée comme étant susceptible d'être désignée menacée ou vulnérable par la LEMV. L'été, cette chauve-souris niche habituellement dans un bâtiment, une crevasse ou un amas de pierres et elle hiberne seule, dans un endroit où l'humidité est faible et la température est sous le point de congélation, souvent dans une mine ou une caverne (Prescott et

Richard, 2013). La chauve-souris pygmée de l'Est se nourrit habituellement de petits insectes capturés au vol au-dessus des plans d'eau ou à basse altitude au-dessus du sol (Québec. MFFP, s. d.).

1.2.5. Chauve-souris rousse

La chauve-souris rousse ou *Lasiurus borealis* (figure 1.5) est susceptible d'être désignée comme menacée ou vulnérable selon la LEMV.

Figure 1.5 : Chauve-souris rousse (tiré de : Toronto Zoo, s. d., p. 4)

Il s'agit de la troisième et dernière chauve-souris migratrice du Québec. La chauve-souris rousse passe la saison froide, soit de septembre à mai, en hibernant dans la zone qui englobe le sud-est des États-Unis jusqu'au nord-est du Mexique (Cryan, 2003; Prescott et Richard, 2013). En été, elle préfère les grands arbres munis d'un feuillage dense comme gîte, alors qu'elle hiberne habituellement dans un trou creux, un trou de pic ou sous l'écorce d'un arbre (Prescott et Richard, 2013). Son alimentation est basée sur certains insectes, dont particulièrement les papillons de nuit (Acharya et Fenton,1992; Hickey et Fenton, 1990; Prescott et Richard, 2013).

1.2.6. Grande chauve-souris brune

La grande chauve-souris brune, également nommée la sérotine brune ou *Eptesicus fuscus* (figure 1.6), se distingue de toutes les autres chauves-souris québécoises par le fait qu'elle n'est désignée d'aucun statut de précarité, tant au provincial qu'au fédéral.

Figure 1.6 : Grande chauve-souris brune (tiré de : Toronto Zoo, s. d., p. 4)

Néanmoins, cette espèce serait également touchée par le SMB, un fléau grandissant pour les chauves-souris, mais dans des proportions moins importantes que d'autres espèces (Québec. MFFP, s. d.). La grande chauve-souris brune passe l'hiver au Québec, habituellement dans des mines, des cavernes ou encore des greniers, où elle hiberne jusqu'au printemps. Très adaptée aux infrastructures humaines, la grande chauve-souris brune utilise fréquemment les greniers, les clochers, les granges, les dessous de ponts ou même l'arrière des volets comme nichoirs. Elle utilise aussi des arbres creux. Cette chauve-souris s'alimente d'insectes ailés qu'elle capture au vol. (Prescott et Richard, 2013)

1.2.7. Petite chauve-souris brune

Autrefois très commune, la petite chauve-souris brune, également appelée vespertilion brun ou *Myotis lucifugus* (figure 1.7), connait actuellement des déclins sévères au sein de ses populations (Canada. COSEPAC, 2013b).

Figure 1.7 : Petite chauve-souris brune (tiré de : Toronto Zoo, s. d., p. 4)

Très semblable à la situation de la chauve-souris nordique, la petite chauve-souris brune est considérée comme étant en voie de disparition par le COSEPAC, mais n'a reçu aucun statut particulier au niveau provincial, bien que ce comité ait rapporté des déclins majeurs dans plusieurs régions du pays, dont certaines au Québec (Canada. COSEPAC, 2013b; Forbes, 2012). Cette espèce a même fait l'objet d'une évaluation d'urgence en 2012 par le COSEPAC (Forbes, 2012). Il ne serait donc pas surprenant que cette espèce devienne susceptible d'être désignée menacée ou vulnérable dans un futur proche. Généralement, la petite chauve-souris brune hiberne en très grands groupes dans des cavernes humides et des mines abandonnées alors que l'été, les femelles forment des colonies d'élevage, souvent dans des greniers, et les mâles nichent seuls dans des cavités (Prescott et Richard, 2013). Cette chauve-souris se nourrit surtout de petits insectes tels que des lépidoptères, des coléoptères, des trichoptères et des éphémères (Québec. MFFP, s. d.).

1.2.8.   Pipistrelle de l'Est

La pipistrelle de l'Est ,ou *Perimyotis subflavus*, est la seule espèce de chauve-souris du Québec qui est à la fois identifiée comme étant susceptible d'être désignée menacée ou vulnérable au provincial par la LEMV et désignée comme étant en voie de disparition au fédéral par le COSEPAC.

19

Figure 1.8 : Pipistrelle de l'Est (tiré de : Toronto Zoo, s. d., p. 5)

Son état alarmant de précarité ne fait donc aucun doute. Arboricole, la pipistrelle de l'Est aurait une préférence pour les forêts de conifères matures et où les plans d'eau sont abondants (Corning et Broders, 2006). Elle hiberne seule ou en groupe dans des grottes très humides et dont la température ambiante doit se situer autour de 12°C (Prescott et Richard, 2013). Cette chauve-souris s'alimente de divers insectes de petite taille et elle est considérée comme généraliste (Québec. MFFP, s. d.).

2. RAISONS DU DECLIN DES POPULATIONS DE CHAUVES-SOURIS

Ce chapitre présente les principales raisons du déclin des populations de chiroptères proposées dans la littérature scientifique et applicables aux espèces québécoises, afin d'obtenir des pistes pour l'analyse des stratégies de conservation.

Actuellement, plusieurs raisons peuvent expliquer le grand déclin dont sont victimes les chauves-souris d'Amérique du Nord. Au Québec, trois grands fléaux s'abattent sur les différentes espèces de chauves-souris. Il s'agit principalement du SMB, de la perte et de la fragmentation des habitats ainsi que des nombreuses activités humaines autres que celles pouvant altérer les habitats des chauves-souris.

2.1. Syndrome du museau blanc

Le SMB est une maladie causée par un champignon psychrophile nommé *Geomyces destructans* (Fenton, 2012). Depuis sa découverte en 2006 dans l'état de New York aux États-Unis, le SMB s'est répandu rapidement dans tout l'est de l'Amérique du Nord, causant des mortalités de masse chez les chauves-souris qui hibernent (Blehert et autres, 2009; Frick et autres, 2010; Warnecke et autres, 2012). L'annexe 3 présente la carte la plus à jour des régions d'Amérique du Nord où le SMB a été détecté.

Au Québec, le SMB a d'abord été détecté dans les régions de l'Estrie et de l'Outaouais en 2010, puis à Chibougamau en 2013 (Québec. Ministère du Développement durable, de l'Environnement, de la Faune et des Parcs (MDDEFP), 2013). On reconnait une chauve-souris atteinte par la maladie grâce à la présence de spores blanches sur son corps, particulièrement sur son museau, d'où le nom donné au syndrome, mais également sur les membranes de ses ailes et sur les pavillons de ses oreilles (Blehert et autres, 2009; Québec. MFFP, 2010).

Bien qu'il arrive que le champignon puisse causer d'importantes lésions aux ailes, la principale cause de mortalité liée au SMB provient du fait que les chauves-souris hibernantes se font réveiller par la présence de ce dernier sur leur corps (Warnecke et autres, 2012). Sortir de leur état de torpeur représente une grande dépense énergétique et la plupart des chauves-souris ne survivent pas à cette épreuve (Blehert et autres, 2009; Warnecke et autres, 2012). Dans cette période critique de l'année, les réserves de graisse représentent la seule source d'énergie disponible pour une chauve-souris. À titre d'exemple, une chauve-souris qui sort de son état de torpeur avant le moment prévu dépensera autant d'énergie que si elle était restée en hibernation pendant encore 60 jours (Thomas et autres, 1990). Certaines chauves-souris arrivent à survivre à l'hiver bien qu'elles soient infectées par le SMB. Elles ne sont pas sorties d'affaire pour autant. Bon nombre d'entre elles auront perdu tellement d'énergie durant l'hibernation ou se retrouveront avec des dommages aux ailes si importants qu'elles n'arriveront pas à chasser efficacement leur nourriture et mourront une fois le printemps venu (Reichard and Kunz, 2009). Ainsi, une colonie affectée par le SMB peut être pratiquement éradiquée en seulement quelques mois.

Bien que l'origine du syndrome en Amérique soit incertaine (Blehert et autres, 2009), il est de plus en plus admis qu'il s'agirait d'une introduction involontaire du champignon par des Européens qui auraient visité des grottes où séjournent des chauves-souris. En effet, ce champignon a été détecté en Europe bien avant les ravages aux États-Unis, mais à des niveaux très bas et sans mortalité de masse chez les chauves-souris

(Puechmaille et autres, 2010; Warnecke et autres, 2012). Les spores du champignon ont pu être transportées sur l'équipement des voyageurs et s'être posées sur les parois d'une caverne. Le champignon aurait ensuite infecté les chauves-souris présentes sur place et se serait, par la suite, propagé à grande échelle par les chauves-souris elles-mêmes, lors de leurs déplacements et migrations (Frick et autres, 2010). Une autre hypothèse soutient cependant que le champignon aurait pu être natif des deux continents, mais il serait devenu plus pathogène en Amérique du Nord à cause de mutations ou des changements climatiques (Warnecke et autres, 2012). Dans un cas comme dans l'autre, les chercheurs ne savent pas encore pourquoi *Geomyces destructans* est devenu si pathogène en Amérique du Nord, alors qu'il est pratiquement inoffensif en Europe (Warnecke et autres, 2012).

Néanmoins, ce ne sont pas toutes les espèces de chauve-souris du Québec qui sont atteintes du SMB. Il semblerait que les trois espèces migratrices du Québec, la chauve-souris argentée, la chauve-souris cendrée et la chauve-souris rousse, ne soient pas atteintes par ce syndrome (Québec. MFFP, s. d.). Toutefois, parmi les espèces concernées, ce serait plus de 90 % des individus qui seraient affectés par le SMB au sein d'une colonie atteinte, sauf pour la grande chauve-souris brune, dont l'impact semble moindre puisque seulement 40 % des individus seraient affectés dans de telles conditions (Québec. MFFP, s. d.).

Il est estimé qu'avant 2010, année où le SMB a été répertorié au Canada pour la première fois, chaque espèce du genre *Myotis*, ce qui inclut la chauve-souris pygmée de l'Est, la petite chauve-souris brune et la chauve-souris nordique, comptait des populations de plus d'un million d'individus. À cet effet, la petite chauve-souris brune et la chauve-souris nordique étaient des espèces considérées communes dans l'est du Canada, et le sont toujours dans les zones où le SMB n'a pas été répertorié. Dans le cas de la pipistrelle de l'Est, la situation était alors différente, car cette dernière était déjà considérée comme peu commune à rare dans certaines régions du Canada. Or, entre 2006 et 2012, il a été déterminé qu'entre 5,7 à 6,7 millions de chauves-souris seraient mortes à cause du SMB dans l'est de l'Amérique du Nord. De plus, selon les prédictions, il restera moins de 1 % des populations d'origine de la chauve-souris nordique et de la petite chauve-souris brune d'ici 2026 dans le nord-est des États-Unis. (Canada. COSEPAC, 2013b)

Selon les données recueillies par le COSEPAC sur des populations hibernant dans différents gîtes du Québec, il y aurait un déclin drastique dans les populations de petites chauves-souris brunes, de chauves-souris nordiques et de pipistrelles de l'Est depuis l'introduction du SMB. En comparant leurs données d'avant et d'après l'apparition du syndrome, ce seraient 98 % des petites chauves-souris brunes et 99,8 % des chauves-souris nordiques qui auraient été décimés dans les gîtes d'hibernation du Québec. Bien qu'il n'existe que très peu de données sur les pipistrelles de l'Est au Canada, le COSEPAC a mesuré un déclin de 94 % dans les grottes du Québec. (Canada. COSEPAC, 2013b)

2.2. Perte et fragmentation des habitats

Le phénomène de perte et de fragmentation des habitats est récurrent dans de nombreux milieux naturels depuis l'industrialisation des sociétés. Il s'agit d'une menace majeure pour plusieurs espèces de chauve-souris (Farrow et Broders, 2011; Hutchinson et Lacki, 2000; Mickleburgh et autres, 2002).

La perte d'un habitat se définit par l'éradication complète d'un site utilisé par une espèce quelconque, comme lors d'une coupe à blanc où une forêt entière est rasée. Quant à la fragmentation d'un habitat, elle se définit plutôt par une division, simple ou multiple, d'un site particulier. Un bon exemple de cette dernière est la mise en place de routes qui sillonnent un paysage. (Altringham, 2011)

Afin de bien saisir la portée de cette cause du déclin des populations de chauves-souris, il est impératif de discerner les différents types d'habitats des chauves-souris. D'abord, le terme général d'habitat fait référence à un milieu naturel où vivent une ou plusieurs espèces animales ou végétales (Office québécois de la langue française (OQLF), 2015). En bref, il s'agit simplement du milieu où vit l'animal (Prescott et Richard, 2013). L'habitat est donc intimement lié à toutes les zones utilisées par l'animal pour sa survie, que ce soit l'endroit qu'il utilise pour s'alimenter, dormir, se reproduire ou élever ses petits (Altringham, 2011). Un habitat d'alimentation réfère aux sites de chasse utilisés par les chauves-souris pour trouver leur nourriture alors qu'un gîte ou un abri est l'endroit utilisé par la chauve-souris pour dormir, se reposer et se cacher (Prescott et Richard, 2013). Le gîte peut varier d'une saison à l'autre, car une chauve-souris ne va pas nécessairement utiliser le même type de gîte pour dormir les jours d'été que pour hiberner l'hiver venu. Pour la chauve-souris, le terme nichoir fait également référence à un gîte.

La perte d'habitat est un élément souvent invoqué pour expliquer le déclin des chauves-souris et peut être causée par plusieurs facteurs. La déforestation, l'urbanisation et l'agriculture modifient grandement les habitats de ces animaux (Tremblay et Jutras, 2010). Au fil du temps, de nombreux gîtes naturels autrefois utilisés par les chauves-souris ont été détruits, faisant en sorte que certaines espèces se sont adaptées à utiliser des infrastructures humaines telles que des ponts, des granges, des clochers, des tunnels et bien d'autres bâtiments (Altringham, 2011; Desrosiers, 2015). Ainsi, la destruction ou le blocage de l'accès à ces infrastructures, souvent vieillissantes ou abandonnées, peuvent également nuire aux chauves-souris qui s'en servent maintenant comme gîtes ou nichoirs. Le même principe s'applique aux mines abandonnées, qui se convertissent en gîte idéal pour une grande proportion des chauves-souris du Québec (Altringham, 2011; Desrosiers, 2015; Prescott et Richard, 2013). Concernant les chauves-souris arboricoles, qui représentent six des huit espèces du Québec, les conséquences de la perte d'habitats sont souvent encore plus graves puisqu'elles n'utilisent pas, ou très rarement, des gîtes construits par l'humain. Pour ces espèces, il est nécessaire que les forêts qu'elles utilisent comme habitats comportent une abondance et une bonne diversité de gîtes, de plans d'eau et de zones d'alimentation (Hayes, 2003). Néanmoins, toutes les chauves-souris du Québec, qu'elles soient arboricoles strictes ou non, ont besoin d'habitats pour se nourrir et prospérer. La destruction des milieux naturels a des impacts néfastes sur chacune d'entre elles. Par ailleurs, le niveau d'activité des chauves-souris reste toujours beaucoup plus faible dans les sites urbanisés que dans les forêts et les paysages ruraux, témoignant ainsi du fort impact négatif de l'urbanisation (Threlfall et autres, 2012). De plus, si certaines chauves-souris arrivent à changer de milieu en substituant leurs gîtes naturels par des mines abandonnées ou des bâtiments humains (Prescott et Richard, 2013), ce n'est pas toujours le cas pour leurs proies. Ainsi, la perte des habitats peut modifier tout un écosystème, entrainant des diminutions dans les densités d'insectes d'un secteur, forçant les chauves-souris à devoir se trouver un autre habitat d'alimentation.

Quant à l'impact de la fragmentation, il est important de noter qu'il peut avoir lieu même lorsque le dérangement semble minime. À titre d'exemple, l'aménagement d'un petit sentier en forêt peut représenter une véritable barrière pour de nombreuses espèces animales. En effet, cette perturbation crée une ligne ouverte dans la canopée et ce peut être suffisant pour empêcher des animaux de la traverser, créant ainsi plusieurs petites forêts (Altringham, 2011). Dans de tels cas, les populations concernées deviennent plus vulnérables et elles risquent de diminuer fortement ou même de s'éteindre complètement (Altringham, 2011). Heureusement pour les chiroptères, ce genre de conséquences ne concerne que rarement les chauves-souris, car elles arrivent à passer au-dessus des fragmentations sans grande difficulté. Ainsi, grâce à leur grande mobilité et à leur capacité à se déplacer aisément par le vol, la fragmentation des habitats peut s'avérer être moins dommageable pour les chauves-souris que pour d'autres espèces de vertébrés (Ethier et Fahrig, 2011; Threlfall et autres, 2012).

Cependant, lorsque que la fragmentation des habitats entraine une dégradation des parcelles restantes, menant ainsi à une perte d'habitat où la qualité des gîtes et la quantité de proies disponibles sont fortement diminuées, les chauves-souris doivent se déplacer pour partir à la recherche de nouveaux habitats. De tels déplacements nécessitent des dépenses supplémentaires d'énergie et ne garantissent pas l'acquisition d'un nouvel habitat d'une qualité comparable à celui qui a été détruit.

Plusieurs facteurs modifient la gravité des conséquences engendrées par la perte ou la fragmentation des habitats. Si les impacts liés à l'urbanisation et à l'agriculture sur la qualité des habitats d'alimentation et sur la disponibilité des gîtes sont permanents, ce n'est pas nécessairement le cas avec l'exploitation forestière. En effet, ces derniers impacts peuvent être temporaires ou variables, selon le type et l'intensité de la perturbation. Le choix des types de coupes, la sélection des essences d'arbres coupés et la densité des îlots restants sont tous des exemples de facteurs qui peuvent jouer en la faveur de la conservation des chauves-souris s'ils sont bien sélectionnés selon les espèces présentes. (Tremblay et Jutras, 2010)

Dans cette optique, il est clair que la fragmentation des habitats s'avère moins néfaste que la perte totale de l'habitat. Dans certains cas, il semblerait même que la fragmentation puisse générer des bénéfices pour certaines espèces. En effet, une conséquence inévitable de la fragmentation est l'augmentation d'habitats de bordure. Or, bien que ce genre de milieu apporte son lot de complications telles que l'afflux de prédateurs et de compétiteurs généralistes ainsi qu'une exposition accrue aux intempéries, il peut cependant favoriser certaines espèces (Altringham, 2011). À cet effet, une étude menée sur les chauves-souris de l'est de l'Ontario a démontré que des paysages fragmentés, pouvant offrir une bonne complémentarité entre des sites d'alimentation et des nichoirs, arrivent à soutenir une plus grande abondance et diversité de chauves-souris et ce, particulièrement pour la chauve-souris nordique, la petite chauve-souris brune et la chauve-souris rousse, trois espèces également présentes au Québec (Ethier et Fahrig, 2011). Ainsi, le niveau de tolérance face à la fragmentation n'est pas le même d'une espèce à l'autre (Ethier et Fahrig, 2011). En effet, selon le comportement et la biologie des espèces

28

concernées par la coupe, les conséquences de la fragmentation peuvent différer. À titre d'exemple, des espèces de chauves-souris à haute mobilité s'alimentent dans des habitats dotés d'ouvertures de petites superficies, contrairement à celles ayant une faible mobilité (Brigham et autres, 1997). Ainsi, les coupes forestières auront de plus graves répercussions négatives sur les espèces agiles et mobiles, soit en particulier les chauves-souris de petite taille comme celles faisant partie du genre *Myotis*. Cette dernière information vient toutefois nuancer les propos concernant la chauve-souris nordique et la petite chauve-souris brune énoncés précédemment. Cependant, ces deux exemples tendent à démontrer qu'il est possible de gérer la coupe forestière pour diminuer l'impact néfaste qu'elle peut avoir sur les populations de chauves-souris. Il est aussi intéressant de constater que selon les conditions en jeu, une bonne gestion pourrait même favoriser le maintien de certaines espèces de chauves-souris.

2.3. Activités humaines

Plusieurs activités humaines peuvent nuire sérieusement à la prospérité des chauves-souris. Cette section fait référence aux principales activités qui ne causent toutefois pas spécifiquement de perte ou de fragmentation des habitats, car ces dernières ont été traitées dans la section précédente. Il y est donc question de l'utilisation de pesticides, de l'installation d'éoliennes, des désagréments liés aux routes, des installations lumineuses et de la pratique de la spéléologie ou de toute autre activité touristique pouvant avoir un impact néfaste sur les populations de chauves-souris.

2.3.1.   Pesticides

L'utilisation de pesticides, terme qui englobe les insecticides et les herbicides, peut être nuisible aux chauves-souris à plusieurs niveaux (Stahlschmidt et Brühl, 2012). D'abord, la fonction d'un insecticide est de contrôler les insectes « nuisibles », ce qui fait en sorte que le nombre de proies des chauves-souris sera inévitablement diminué par l'utilisation de ce genre de produits. Ensuite, comme les chauves-souris ont de longues durées de vie, elles sont plus à risque d'être en contact prolongé avec des pesticides et deviennent ainsi beaucoup plus vulnérables aux accumulations dangereuses de ces substances dans leur organisme (Clark, 1988). Aussi, une chauve-souris peut engloutir de grandes quantités d'insectes contaminés. En conséquence, la chauve-souris peut absorber d'énormes quantités d'insecticide et les stocker sous forme de graisses dans son organisme, ce qui peut être néfaste pour sa propre santé. Lors de la migration ou de l'hibernation, les réserves de graisse sont métabolisées, faisant en sorte que les pesticides accumulés peuvent atteindre des niveaux très élevés en toxicité, en particulier dans le cerveau de l'animal (Clark, 1988). De plus, certains pesticides contiennent des substances susceptibles d'augmenter le taux métabolique des chauves-souris, ce qui peut avoir des conséquences désastreuses pour les espèces hibernantes qui comptent sur leurs réserves d'énergie pour survivre à l'hiver (O'Shea et Johnson, 2009).

Par le passé, l'utilisation du dichlorodiphényltrichloroéthane (DDT), alors légale, aurait causé le déclin de plusieurs populations de chauves-souris (Altringham, 2011; Jefferies, 1972). Par ailleurs, d'autres types d'insecticides, aujourd'hui légaux et utilisés dans les champs et les forêts, auraient également ce genre d'impact sur les populations actuelles de chauve-souris. À ce propos, des formes particulièrement chlorées de certains pyréthrinoïdes, tels que la cyperméthrine, peuvent persister dans l'environnement et affecter directement les chauves-souris (Clark et Shore, 2001). Au Québec, la cyperméthrine, bien qu'ayant une toxicité aiguë envers les mammifères, est légale et est utilisée sous forme d'insecticide (SAgE pesticides, 2015). De plus, la chauve-souris s'intoxique aussi lorsqu'elle s'abreuve à des cours d'eau ayant été préalablement contaminés par le ruissellement des pesticides et d'autres contaminants (Wickramasinghe et autres, 2003). Enfin, l'utilisation d'herbicides a également un impact indirect sur les chauves-souris, car elle sert à tuer les plantes dont se nourrissent les insectes, engendrant ainsi moins de nourriture pour les chiroptères (Altringham, 2011).

2.3.2. Éoliennes

Le cas des éoliennes est très particulier puisqu'il s'agit d'une situation plutôt controversée. En effet, alors que les populations mondiales requièrent de plus en plus d'énergie, les écologistes prônent la nécessité de se tourner vers les énergies renouvelables. Or, bien que cette technologie semble très prometteuse et intéressante à plusieurs égards, deux principaux points négatifs viennent obscurcir le tableau. En premier lieu, les éoliennes causent d'importantes mortalités au niveau de la faune aérienne, ce qui concerne bien sûr les oiseaux, mais également les chauves-souris. En second lieu, ces infrastructures entraînent leurs lots de dommages et d'impacts sur les habitats terrestres où elles sont construites. Effectivement, il est nécessaire de mettre en place des routes, des installations d'entretien et des équipements d'alimentation électrique, en plus des éoliennes proprement dites. (Altringham, 2011)

En Amérique du Nord, 75 % des mortalités de chauves-souris liées aux éoliennes seraient associées à des petits groupes d'espèces arboricoles (Arnett et autres, 2008; Kunz et autres, 2007). Également, les espèces migratrices seraient plus vulnérables aux effets néfastes des éoliennes que les autres. Ainsi, les chauves-souris du genre *Lasiurus*, ce qui englobe la chauve-souris rousse et la chauve-souris cendrée, ainsi que la chauve-souris argentée et la pipistrelle de l'Est, seraient particulièrement atteintes par ces infrastructures, bien que cette dernière ne soit pas migratrice (Cryan et Barclay, 2009). Par ailleurs, la chauve-souris cendrée est celle qui semble être la plus atteinte, car cette espèce représente près de la moitié de tous les décès de chiroptères causés par des éoliennes qui ont été documentés jusqu'en 2008 en Amérique du Nord (Arnett et autres, 2008). Aussi, trois autres espèces présentes au Québec, la petite chauve-souris brune, la chauve-souris nordique et la grande chauve-souris brune, ont été décelées dans les inventaires de mortalités dues aux éoliennes aux États-Unis, mais dans des proportions moins importantes que les espèces précédentes (Kunz et autres, 2007). Bref, pratiquement toutes les espèces de chauves-souris présentes au Québec, à l'exception de la chauve-souris pygmée de l'Est qui n'a pas été répertoriée pour l'instant, sont vulnérables aux dangers causés par les éoliennes.

Une éolienne peut abattre une chauve-souris de trois manières différentes : par une collision directe entre la chauve-souris et la tour, par une collision directe entre la chauve-souris et les pales en mouvement ainsi que par barotraumatisme (Cryan et Barclay, 2009; Grodsky et autres, 2011). Or, contrairement aux oiseaux, il est très rare qu'une chauve-souris meure en se heurtant à des structures immobiles telles que des tours météorologiques ou des éoliennes non opérationnelles (Arnett et autres,

2008). Conséquemment, le barotraumatisme et la collision avec les pales en mouvement représentent les deux principales causes de mortalité liées aux éoliennes.

Plusieurs hypothèses sont proposées quant à la raison du contact entre les chauves-souris et les éoliennes. Les idées les plus plausibles se regroupent en deux grandes catégories. La première veut que les chauves-souris soient attirées par les éoliennes, que ce soit pour y trouver un perchoir, se nourrir ou encore se reproduire (Jameson et Willis, 2014). Cette dernière proposition est liée au fait que les chauves-souris arboricoles, soit les principales espèces concernées, gîtent habituellement seules ou en petits groupes (Prescott et Richard, 2013), faisant en sorte qu'elles sont réparties dans le paysage. Elles sont donc amenées à favoriser des mécanismes comportementaux pour les aider à se trouver des partenaires pour l'accouplement, dont la sélection de structures de grandes tailles comme repères visuels (Cryan, 2008). Autrefois, les chauves-souris sélectionnaient uniquement les arbres mais, avec le développement urbain, elles peuvent se servir de phares, des tours de refroidissement d'installations nucléaires, des tours de télévision et des gratte-ciels (Jameson et Willis, 2014). L'utilisation d'éoliennes à cette fin semble donc concorder avec les comportements actuels des chauves-souris. Pour ce qui est de l'attraction des chauves-souris envers les éoliennes afin d'y chasser des insectes, l'hypothèse se fonde sur le fait que ceux-ci pourraient avoir tendance à se regrouper près des turbines (Cryan et Barclay, 2009; Kunz et autres, 2007). En effet, les insectes seraient attirés par la chaleur générée par l'éolienne (Kunz et autres, 2007) ou par la création d'un type d'habitat idéal pour eux, soit une clairière entourée

33

d'arbres, que l'on retrouve lorsque des éoliennes sont installées en milieu forestier (Grindal et Brigham, 1998).

Enfin, la seconde catégorie d'hypothèses soutient que les chauves-souris entreraient en contact avec les éoliennes à cause d'une simple curiosité ou encore d'une perception erronée (Jameson et Willis, 2014). Néanmoins, il semblerait que les chauves-souris ne soient pas attirées par les lumières d'aviation situées sur l'extrémité des éoliennes (Arnett et autres, 2008).

Dans les faits, la plupart des chauves-souris abattues par les éoliennes le seraient lorsque la vitesse des vents est basse, soit de moins de six mètres par seconde (Arnett et autres, 2008; Horn et autres, 2008). Il est intéressant de noter que c'est à cette vitesse de vent que les insectes aériens sont les plus actifs, ce qui pourrait appuyer l'hypothèse que les chauves-souris soient attirées par les éoliennes à cause des insectes qui s'y retrouvent en périphérie (Arnett, 2005). La plupart des décès de chauves-souris dus à la présence d'éoliennes surviennent vers la fin de l'été et ont tendance à culminer au cours de la période qui correspond à celle des migrations automnales des différentes espèces (Arnett et autres, 2008; Jameson et Willis, 2014). Les quelques décès rapportés durant la migration du printemps et au début de l'été peuvent refléter le fait que les chauves-souris migrent à des altitudes plus élevées au cours du printemps, devenant ainsi moins vulnérables aux éoliennes, ou encore refléter le fait que peu de recherches intensives de mortalité ont été effectuées durant cette période (Kunz et autres, 2007). En définitive, il est probable qu'une combinaison de plusieurs facteurs puisse expliquer la mortalité des chauves-souris autour des éoliennes. Il est difficile de cibler les facteurs les plus importants à considérer vu le manque de précision dans l'étude du suivi des populations migratrices.

2.3.3. Routes

En plus de causer de la fragmentation d'habitats abordée dans la section précédente, les routes engendrent d'autres effets négatifs. Que ce soit à cause du bruit ou de la mouvance des véhicules, les chauves-souris sont apparemment dérangées par ces infrastructures humaines. D'après une étude américaine, plus une route renferme de voies et plus le trafic y est important, plus les chauves-souris auront de la difficulté à la traverser pour atteindre leur habitat d'alimentation situé de l'autre côté de cette dernière. La route devient une véritable barrière au mouvement des chauves-souris. La qualité du site d'alimentation joue toutefois un rôle dans l'étude, faisant en sorte qu'un site particulièrement intéressant influence davantage la chauve-souris à prendre des risques et à traverser la route en question. (Bennett et autres, 2013)

Aussi, un autre danger lié aux routes est la collision directe entre une voiture et une chauve-souris, qui résulte assurément en la mort de l'animal. Certaines études avancent le fait que plusieurs chauves-souris provenant de différentes espèces sont tuées de cette manière. Cependant, la présence de charognards et la difficulté de trouver des corps après l'impact font en sorte que la mortalité dans la plupart de ces études est probablement fortement sous-estimée. Ainsi, le problème pourrait être beaucoup plus grave que ce qui est constaté. (Berthinussen et Altringham, 2012b)

2.3.4. Installations lumineuses

La lumière artificielle a des impacts néfastes sur de nombreux animaux et les chauves-souris font partie de ceux qui sont le plus durement affectés (Altringham, 2011). Loin d'attirer les chauves-souris, la lumière crée plutôt des comportements d'évitement chez les chiroptères. Ainsi, elle peut empêcher une chauve-souris d'atteindre des habitats intéressants, que ce soit pour un gîte ou pour chasser. Aussi, la distance supplémentaire requise pour contourner les endroits illuminés se traduit en une perte d'énergie et de temps pour la chauve-souris. Entre autres, les chauves-souris tenteraient d'éviter la lumière pour ne pas devenir plus vulnérables auprès de leurs prédateurs, car ces derniers peuvent allonger leurs activités de chasse ou détecter plus facilement les chauves-souris. De plus, il semblerait que la lumière artificielle aurait le potentiel d'interférer avec le mode de navigation des chauves-souris lors de leur migration, faisant en sorte que leur parcours peut être modifié. (Stone et autres, 2009)

Néanmoins, certaines espèces de chauves-souris se nourrissent d'insectes qui sont attirés par des lumières artificielles qui émettent des longueurs d'onde dans l'ultraviolet (Rydell, 1992). Or, cette situation provoque plus d'inconvénients pour la conservation des chauves-souris que de bénéfices. En effet, les chauves-souris concernées ne font partie que de quelques espèces au vol rapide, au détriment de la majorité des autres espèces qui voient leur nombre de proies potentielles fortement réduit dans les zones sombres situées au pourtour du site éclairé (Altringham, 2011). Les chauves-souris du genre *Myotis*, dont trois des espèces présentes au Québec, font partie de celles ayant un vol lent et qui évitent les zones éclairées (Kuijper et autres, 2008). Dans cette veine, une étude a démontré que la lumière peut provoquer une expansion d'une population de chauves-souris tolérantes à la lumière et un déclin d'une population différente qui ne l'est pas. Ainsi, la lumière artificielle peut engendrer de la compétition entre les espèces et nuire à la biodiversité d'un secteur donné (Arlettaz et autres, 2000). De plus, une autre étude a démontré que, même si les activités de chasse de la chauve-souris rousse, qui est une espèce au vol particulièrement rapide, augmentent en présence de lampadaires, cette chauve-souris évite tout de même les milieux urbains (Walters et autres, 2007). Donc, les installations lumineuses représentent une réelle menace pour la prospérité des chauves-souris.

2.3.5. Spéléologie et autres activités touristiques

La spéléologie est une activité intéressante qui peut promouvoir la conservation de certains habitats de chauves-souris, en l'occurrence les grottes et les cavernes, mais elle peut également engendrer des impacts néfastes sur les populations de chiroptères. En effet, les visites de spéléologues peuvent perturber les grottes où séjournent des chauves-souris (Altringham, 2011). Aussi, comme il en a été question plus tôt, il est probable que ce serait ce type d'activité qui serait à l'origine de la propagation du SMB en Amérique du Nord.

L'écotourisme est une manière de voyager et de visiter des lieux de plus en plus populaire. Or, cette activité n'est pas toujours idéale pour la conservation des chauves-souris. En effet, il n'est pas rare de retrouver des grottes qui ont été aménagées pour faciliter l'accès aux touristes en y installant des passerelles, des balustrades et de l'éclairage, sans compter l'achalandage de gens qui peuvent déranger les chauves-souris. Plusieurs hibernacles ont été décimés de cette façon. Dans certains cas, des passerelles ont été aménagées directement sous les sites d'hibernation et de maternité, ce qui peut être très critique pour la survie de la population en place (Furman et Özgül, 2004). Également, l'utilisation de caméras est à proscrire, car les flashs photographiques perturbent sérieusement les chauves-souris (Altringham, 2011).

3. IMPACTS DU DÉCLIN DES CHIROPTÈRES SUR LE QUÉBEC

Le déclin des populations de chauves-souris du Québec entraine plusieurs répercussions sur les différentes sphères du développement durable, que ce soit au point de vue économique, social ou environnemental. Les divers rôles joués par les chauves-souris ont une incidence directe sur la qualité de vie des Québécois. En effet, les chauves-souris confèrent aux populations humaines et à leurs milieux de vie de nombreux bénéfices et utilités souvent insoupçonnés qui seront étayés dans le présent chapitre. En constatant l'ampleur des impacts engendrés par le déclin des chiroptères, cela permet de découvrir la valeur écologique des chauves-souris et de saisir toute la pertinence derrière la mise en place de stratégies visant le rétablissement et le maintien de leurs populations.

Ce chapitre traite d'abord des différents impacts économiques, puis des impacts sociaux et enfin des impacts environnementaux qui peuvent survenir suite à une baisse des populations de chauves-souris, voire leur disparition totale.

Il est intéressant de noter que le régime alimentaire insectivore des chauves-souris québécoises est un thème récurrent dans les trois sections de ce chapitre, puisque le contrôle des populations d'insectes est important pour chacune des sphères, à différents égards. Les chauves-souris insectivores sont de grandes consommatrices d'insectes. À cause de leur taux métabolique élevé, elles doivent consommer d'importantes quantités d'énergie. Habituellement, une chauve-souris se nourrit d'une quantité d'insectes équivalente à au moins 50 % de sa masse corporelle chaque nuit, et ce pourcentage peut excéder 100 % s'il s'agit d'une femelle en lactation (Kunz et autres, 2011). Par ailleurs, bien que les chauves-souris se nourrissent d'une grande variété d'insectes, il semblerait qu'elles soient principalement attirées par des proies massives pouvant leur fournir davantage d'énergie par capture, telles que les papillons de nuit (Fang, 2010).

3.1. Impacts économiques

À l'échelle de la planète, le déclin des populations de chauves-souris engendre des conséquences néfastes sur l'économie de beaucoup de pays. Certaines contrées renferment des espèces de chauves-souris pollinisatrices. Celles-ci jouent un rôle clé dans la fertilisation des plantes. Donc, le déclin des populations de chauves-souris entraîne, pour ces pays, des difficultés au niveau de leur économie agricole. La pollinisation par les chauves-souris est un service écologique qui peut engendrer des bénéfices substantiels pour l'alimentation des populations humaines. Au Mexique, la production de téquila, estimée à plusieurs millions de dollars, est une activité économique des plus importantes pour ce pays et est grandement dépendante de l'activité des chauves-souris (Kunz et autres, 2011). En effet, ces dernières sont les seuls animaux pouvant assurer la pollinisation de l'agave bleue, la plante qui est à la base de cet alcool (Kunz et autres, 2011).

La collecte de guano, les excréments des chauves-souris, représente une autre activité économique très importante pour certaines communautés. Ces excréments, extrêmement riches en azote et en phosphore, constituent un excellent additif nutritionnel pour les cultures et peuvent être vendus entre 2,75 $ et 26,45 $ le kilogramme (Kunz et autres, 2011).

Évidemment, ces exemples ne sont pas directement applicables à la situation du Québec. D'une part, parce que toutes les espèces locales sont insectivores, donc incapables de polliniser des plantes et, d'autre part, parce que l'industrie de la collecte du guano n'est pas implantée au Québec. Il n'en reste pas moins qu'avec la mondialisation, les services écologiques fournis par ces chauves-souris ont une certaine influence sur les produits achetés par les consommateurs québécois.

Ceci dit, le déclin des populations de chauves-souris québécoises engendre son lot de conséquences néfastes directes sur l'économie provinciale. La principale cause est liée à la capacité des chauves-souris de consommer des insectes ravageurs de cultures. En effet, les chauves-souris insectivores se nourrissent de beaucoup d'insectes indésirables et elles sont même considérées comme des agents importants pour la suppression des insectes nuisibles dans les zones d'agriculture intensive (McCraken et autres, 2012; Kunz et autres, 2011). Les chauves-souris insectivores peuvent dévorer une grande panoplie d'insectes dont principalement des lépidoptères (papillons), des coléoptères (scarabées), des diptères (mouches, moustiques), des homoptères (cigales, cicadelles) et des hémiptères (punaises) (Kunz et autres, 2011).

Consécutivement à une baisse des populations de chauves-souris, le nombre d'insectes ravageurs ne cessera d'augmenter. Les agriculteurs devront donc agir en utilisant des moyens artificiels de contrôle des ravageurs pour éviter de perdre une partie de leur récolte et, donc, leur source de revenus. Ces moyens se traduisent pratiquement toujours par l'augmentation des insecticides utilisés sur les champs, que ce soit en quantité, en fréquence d'épandage, en concentration ou en changeant le produit pour une formule plus dévastatrice. La conséquence directe de cette situation est l'accroissement des dépenses monétaires de l'agriculteur, car ces produits sont souvent très dispendieux (Cleveland et autres, 2006). De plus, comme les insectes s'accoutument rapidement aux produits en devenant de plus en plus tolérants (Federico et autres, 2008), il est toujours nécessaire d'augmenter les doses. Ceci entraine donc un cercle vicieux, où l'agriculteur doit débourser de plus en plus d'argent. Plusieurs conséquences indirectes peuvent s'en suivre, dont des impacts néfastes sur l'environnement et la santé des animaux ainsi que celle des humains, ce qui sera discuté dans les sections suivantes. Aussi, il ne faut pas négliger l'impact que cette situation peut avoir sur le consommateur. S'il en coûte plus cher aux agriculteurs pour vendre la même quantité de céréales, de fruits ou de légumes, les prix de vente seront nécessairement à la hausse pour les citoyens qui les achètent (Desrosiers, 2015).

Le Ministère des Ressources naturelles et de la Faune (MRNF) du Québec a fait paraître, dans un document portant sur la démarche vers une gestion intégrée des ressources en milieu agricole, une liste de pratiques agricoles pouvant avantager le producteur québécois tout en permettant le maintien de la biodiversité. Un élément très intéressant figure sur cette liste, soit celui de prôner la conservation des différentes ressources à la ferme en évitant le déboisement et le drainage des milieux humides. Il y est inscrit qu'un avantage pouvant s'en suivre est celui de favoriser la présence de chauves-souris qui assurent un contrôle biologique des insectes nuisibles aux cultures, ce qui diminue les coûts intrants liés aux pesticides et aux engrais chimiques. Même si aucun chiffre tangible n'est associé à cette affirmation, il ne fait aucun doute que des économies substantielles d'argent y sont reliées. (Québec. MRNF, 2007)

Un exemple frappant de la contribution des chauves-souris à une économie importante d'argent est celui des cultures de coton au Texas. Ce type de culture est particulièrement ravagé par le ver du cotonnier, *Helicoverpa zea*. Heureusement, cet insecte représente une proie prisée par la tadaride du Brésil (*Tadarida brasiliensis*), une chauve-souris insectivore présente dans cette région du globe. En considérant deux composantes, soit la valeur du coton qui aurait été perdue en l'absence des chauves-souris et le coût réduit en utilisation de pesticides, il est estimé que cette chauve-souris rapporte, en économie d'argent, l'équivalant d'une somme variant entre 121 000 $ et 1 725 000 $ par année, selon la densité d'œufs et de larves d'insectes présents. Ceci peut représenter jusqu'à 37,5 % de la valeur totale d'une récolte annuelle de coton. (Cleveland et autres, 2006)

Cette dernière situation peut donner un aperçu de la valeur financière que peuvent avoir les chauves-souris insectivores du Québec. En Indiana, aux États-Unis, il est estimé qu'une seule colonie de grandes chauves-souris brunes, constituée de 150 individus, consommerait près de 1,3 million d'insectes ravageurs par année (Whitaker, 1995). Comme cette espèce est également présente au Québec, il est possible d'en déduire qu'elle pourrait avoir le même genre d'impact en sol québécois. Le cas suivant, concernant, cette fois-ci, la petite chauve-souris brune, souligne d'autant l'ampleur de la consommation d'insectes par les chauves-souris. En 2011, il a été estimé que dans l'ensemble des zones affectées par le SMB, ce serait entre 660 et 1 320 tonnes d'insectes qui resteraient en vie, alors qu'avant les ravages de ce syndrome, cette quantité d'insectes était consommée annuellement par les milliers de petites chauves-souris brunes, à présent décimées (Boyles et autres, 2011; Boyles et Willis, 2010). Comme les ravages causés par le SMB n'ont cessé d'augmenter depuis

43

2011, il est fort probable que le nombre d'insectes non consommés soit encore plus important aujourd'hui. Somme toute, il est estimé que la disparition totale des chauves-souris en Amérique du Nord entrainerait une perte de 3,7 milliards de dollars américains par année dans le milieu agricole seulement (Boyles et autres, 2011). La conservation des chauves-souris semble bel et bien importante du point de vue de l'économie agricole.

Il ne faut pas non plus négliger les différents bénéfices fournis par les chauves-souris qui ne sont pas quantifiés monétairement de manière officielle, mais qui génèrent tout de même du profit ou des économies substantielles pour le Québec. Dans cette veine, les chauves-souris semblent jouer un rôle important dans la lutte antiparasitaire dans les forêts (Kalka et autres, 2008; Williams-Guillén et autres, 2008). Si ce service n'est pas quantifié directement, faute de données économiques à ce propos, il n'en reste pas moins que la présence de chauves-souris en forêt a une grande valeur cachée.

L'industrie forestière est particulièrement importante au Québec. En 2013, selon le Conseil de l'industrie forestière du Québec (CIFQ), 60 082 emplois directs et indirects ont été comblés dans ce domaine (CIFQ, 2013). Économiquement, le chiffre d'affaires de cette industrie, qui se divise en trois secteurs, soit l'exploitation forestière, la fabrication de produits en bois et la fabrication du papier, totalise près de 16,6 milliards de dollars par année (CIFQ, 2013). Malheureusement, la présence d'insectes ravageurs menace sérieusement cette industrie. Les ravages que peuvent engendrer certains insectes se traduisent en des sommes pouvant atteindre plusieurs centaines de millions de dollars pour l'ensemble du Canada, ce qui inclut les pertes de revenus causés par les insectes et les pathogènes forestiers ainsi que le coût des mesures de prévention, de lutte et d'atténuation des risques (Canada. Ressources naturelles Canada, 2014a).

La présence de chauves-souris en milieu sylvicole permet de réduire le nombre d'insectes adultes et ainsi limiter la ponte des œufs. Moins il y a d'œufs pondus, moins il y aura de larves pour affecter les arbres, et ce sont ces dernières qui sont souvent à la base des ravages (Canada. Ressources naturelles Canada, 2014b). Cependant, il n'est pas évident de déterminer quels sont les insectes qui peuvent être consommés par les chauves-souris. Cela dépend surtout de la période de vol des insectes adultes et de leur hauteur de vol (Desrosiers, 2015). Ces deux critères déterminent si les chauves-souris sont en mesure de les chasser, puisque les espèces présentes au Québec s'alimentent surtout sur les insectes en mouvance (Prescott et Richard, 2013).

Un cas particulièrement alarmant pour l'industrie forestière est celui de la tordeuse des bourgeons de l'épinette. En 2013 et au Québec seulement, près de 3,2 millions d'hectares de forêt ont été modérément à gravement défoliés par cet insecte (Canada. Ressources naturelles Canada, 2014b). La mortalité et la réduction de croissance des arbres induits par l'insecte se traduisent en d'énormes pertes de volumes ligneux pour l'industrie forestière (Canada. Ressources naturelles Canada, 2014a). Heureusement, cet insecte indésirable est consommé par plusieurs chauves-souris, dont celles du genre *Myotis* (Wilson et Barclay, 2006). Il est cependant, encore une fois, difficile de préciser l'impact réel des chauves-souris sur la tordeuse des bourgeons de l'épinette et sur les différents insectes impliqués dans le ravage des forêts à cause de la difficulté d'effectuer des suivis à ce niveau.

Enfin, le tourisme est un dernier élément à considérer dans les impacts économiques engendrés par la présence de chauves-souris. Un cas intéressant lié à cette situation est celui du pont *Ann W. Richards Congress Avenue Bridge* situé à Austin, dans l'état du Texas. Ce pont abrite la plus grande colonie de chauves-souris urbaines des États-Unis, estimée à approximativement 1,5 million d'individus. L'attrait touristique réside en l'observation de la colonie qui émerge le soir pour débuter sa période de chasse. Cette envolée spectaculaire attire des centaines de touristes qui se rassemblent sur le pont chaque après-midi d'été. La présence touristique reliée aux chauves-souris génère de grandes retombées financières pour toute la ville d'Austin. De nombreux touristes passent quelques jours dans la région et dépensent, particulièrement dans la restauration et l'hébergement. Globalement, pour cette région, l'ensemble des retombées financières associées à la présence de chauves-souris est estimé à plus de trois millions de dollars par année. (Ryser et Popovici, 1999)

Au Québec, plusieurs attraits touristiques sont reliés à la présence de la chauve-souris. Il y a notamment le Parc de la caverne du Trou de la Fée, dans la région du Lac-Saint-Jean, qui représente le seul lieu naturel d'interprétation et d'observation de la chauve-souris au Québec (Parc de la caverne du Trou de la Fée, s. d.). Aussi, différents parcs du réseau de la Société des établissements de plein air du Québec (Sépaq) proposent régulièrement dans leur programmation des activités de découverte mettant en vedette la chauve-souris (Parc national d'Oka, 2014; Parc national du Fjord-du-Saguenay; Parc national du Lac-Témiscouata, 2014; Parc national du Mont-Orford, 2014; Parc national du Mont-Saint-Bruno, 2014) ou participent à des études concernant les chiroptères (Fabianek et Provost, 2014; Graillon et Douville, 2006; Lavoie, 2013). La chauve-souris a également sa place dans différents établissements zoologiques du Québec et elle figure même au premier plan d'activités éducatives dans certains d'entre eux, comme au Zoo sauvage de Saint-Félicien (Zoo sauvage de Saint-Félicien, s. d.) et au Bioparc de la Gaspésie (Bioparc de la Gaspésie, 2014). Enfin, le Domaine Joly-De Lotbinière, situé dans la région de la Chaudière-Appalaches, un site patrimonial principalement connu pour ses nombreux jardins, a tenu, entre 2002 et 2013, une activité éducative sur les chauves-souris (Domaine Joly-De Lotbinière, 2013). Malheureusement, à cause du déclin majeur des chauves-souris présentes sur le site, attribuable notamment aux impacts du SMB, l'activité a dû être annulée en 2014 (Bérubé, 24 février 2015).

Bien qu'il n'y ait pas d'études concrètes disponibles quant aux retombées économiques de la lutte antiparasitaire des chauves-souris dans les forêts et par toutes les activités touristiques liées à ces dernières, il est clair que les chiroptères ont un impact financier non négligeable au Québec. Ainsi, la conservation de ces animaux est étroitement liée à un potentiel monétaire intéressant, en plus des retombées concrètes rattachées à l'économie agricole, déjà quantifiées.

3.2. Impacts sociaux

La diminution des populations de chauves-souris peut entrainer quelques conséquences néfastes au niveau social. Bien qu'il soit parfois difficile de quantifier clairement le phénomène, il n'en reste pas moins que la situation peut être problématique sur différents aspects.

D'abord, comme il en a été question dans la section portant sur les impacts économiques, moins il y a de chauves-souris insectivores dans le paysage, plus il y a d'insectes pour nuire aux populations humaines. Ceci entraine diverses conséquences, dont un épandage excédentaire d'insecticides. Il est important de réaliser que les pesticides sont des produits toxiques pouvant causer de nombreux désagréments chez l'humain. Notamment, ces produits peuvent entrainer, immédiatement ou à court terme, des troubles respiratoires, cutanés, neurologiques ou développementaux. À long terme, ils peuvent causer le développement de cancers variés, des troubles de reproduction, des atteintes génétiques et différents effets néfastes sur les systèmes immunitaire, endocrinien et nerveux (Québec. Ministère de la Santé et des Services sociaux (MSSS), s. d.). La présence de chauves-souris contribue à réduire ce risque de problèmes de santé.

De plus, les effets de la consommation d'insectes par les chauves-souris ne s'appliquent pas seulement qu'aux insectes ravageurs de récolte, mais également aux insectes piqueurs qui peuvent transmettre des maladies et des virus aux humains. Le cas des moustiques est un exemple pertinent de l'impact que peuvent avoir les insectes piqueurs sur la qualité de vie des humains. Les moustiques sont les principaux vecteurs de certaines maladies très graves telles que la tularémie et les encéphalites arbovirales, dont le virus du Nil occidental, l'encéphalite de Saint-Louis, l'encéphalite de la Crosse et l'encéphalite équine de l'Est (Giguère et Gosselin, 2006). Cependant, peu de recherches ont pu démontrer l'ampleur de l'attrait des chauves-souris pour les moustiques, ni si leur consommation est quantifiable significativement (Kunz et autres, 2011). Néanmoins, il a été démontré que la chauve-souris nordique, espèce présente au Québec, arrive à supprimer des populations de moustiques par prédation directe et ainsi diminuer de 32 % la ponte nocturne de ces insectes en comparaison avec un milieu sans chauves-souris (Reiskind et Wund, 2009). Aussi, il est de plus en plus courant d'observer que des populations d'insectes, qui n'étaient pas problématiques avant le déclin des chauves-souris, soient aujourd'hui devenues beaucoup plus nombreuses dans certaines régions du Québec (Desrosiers, 2015). Même si aucune étude n'a été faite en ce sens au Québec et qu'il s'agit surtout d'observations et de témoignages de citoyens basés sur leur expérience personnelle, il est possible que cette présence accrue d'insectes soit corrélée, du moins en partie, avec le déclin des chauves-souris.

En définitive, il est probable que les chauves-souris ne se nourrissent de moustiques que lorsque ces derniers se retrouvent en très grandes concentrations ou lorsqu'il n'y a que très peu des autres types d'insectes plus gros, soit des proies plus intéressantes énergétiquement parlant. Il n'en reste pas moins que les chauves-souris insectivores sont des prédateurs efficaces d'insectes de toutes sortes et que leur déclin entraine inévitablement une augmentation de populations d'insectes, toutes espèces confondues. Cela concerne donc les moustiques comme toutes les autres proies potentielles des chauves-souris insectivores.

D'un point de vue culturel, les chauves-souris peuvent aussi apporter différents bénéfices, qu'ils soient d'ordre spirituel, esthétique, éducatif ou récréatif (Kunz et autres, 2011). Dans la Chine ancienne, les chauves-souris étaient considérées comme des symboles de chance et, dans la civilisation maya, ces animaux étaient vénérés (Allen, 2004). Bien qu'aujourd'hui ces croyances ne soient plus ce qu'elles étaient, les fresques et les objets créés en l'honneur des chauves-souris demeurent des héritages respectés pour leur importance historique et attirent les touristes dans les musées et les sites préservés (Kunz et autres, 2011). Dans cette optique, les activités touristiques, telles que celles présentées dans la section précédente, peuvent jouer aussi un rôle éducatif, en fournissant des renseignements aux visiteurs, et un rôle récréatif, en leur faisant vivre des expériences uniques (Kunz et autres, 2011).

L'influence des chauves-souris est également bien présente dans le monde de la publicité et de la culture populaire. Dans cette veine, les chauves-souris sont souvent représentées lors des fêtes d'Halloween (Kunz et autres, 2011). Aussi, les nombreux films, bandes dessinées, jeux vidéos et autres produits dérivés mettant en vedette le personnage du superhéros *Batman* représentent un exemple éloquent de la présence des chauves-souris dans la culture populaire (DC Comics, 2015). De plus, la marque de rhum *Bacardi* arbore aussi une chauve-souris dans son logo depuis ses tous débuts, car cet animal représentait un symbole de bonne fortune pour la distillerie familiale (Bacardi, 2014). Enfin, une équipe professionnelle de hockey, les *Ice Bats* d'Austin, qui a existé entre 1996 et 2008, avait une chauve-souris comme logo d'équipe (HockeyDB, 2011).

Les chauves-souris ont également leur place dans le milieu technologique. En effet, ces animaux peuvent servir de modèles pour des concepteurs qui s'inspirent de leur physiologie pour créer différentes applications technologiques. Cette approche, nommée biomimétisme, bioinspiration ou bioréplication, permet aux chercheurs de reproduire la fonctionnalité d'une structure biologique au sein d'un mécanisme artificiel (Pulsifer et Lakhtakia, 2011). Grâce à leur capacité d'écholocalisation, les chauves-souris ont inspiré de nombreux systèmes liés à la détection comme le sonar, le radar, l'échographie médicale et diverses applications dans le domaine de la communication sans fil (Baker et autres, 2014; Müller et Kuc, 2007). De récentes avancées technologiques s'inspirent aussi des chauves-souris pour créer des mécanismes et des systèmes sensori-moteurs pour le vol (Recchiuto et autres, 2014).

En somme, la présence de chauves-souris apporte un aspect très intéressant et diversifié à la société québécoise. Leur conservation pourrait permettre un meilleur contrôle des populations d'insectes nuisibles pour la santé humaine, en plus de préserver un bagage culturel précieux pour les générations futures et d'inspirer de nouvelles technologies intéressantes.

3.3. Impacts environnementaux

Le déclin des populations des chauves-souris entraine certaines conséquences sur l'environnement. Les principaux impacts sont reliés à l'épandage excédentaire d'insecticides, au chamboulement des écosystèmes et à la perte de bio-indicateurs efficaces.

Le lien entre la diminution de la présence de chauves-souris, l'augmentation des populations d'insectes ravageurs et l'épandage excédentaire d'insecticides a été clairement démontré dans les sections précédentes. Or, l'augmentation de ce type de produits dans les milieux naturels peut avoir des effets dévastateurs sur l'environnement, en contaminant l'eau, l'air et le sol (Québec. MSSS, s. d.). Avec le ruissellement, les pesticides épandus dans les champs se retrouvent dans les cours d'eau et les nappes phréatiques. Si ces produits sont initialement conçus pour tuer des insectes, ils peuvent s'avérer dangereux pour différentes autres formes de vies. La présence accrue de produits toxiques dans les cours d'eau entraine des effets cumulatifs sur les espèces

51

aquatiques et peut provoquer des problèmes endocriniens chez certaines espèces de poissons, en plus d'effets néfastes sur leurs capacités de nage et sur leurs mécanismes de reproduction (Québec. Ministère du Développement durable, de l'Environnement et de la Lutte contre les changements climatiques (MDDELCC), s. d.b).

La diminution du nombre de chauves-souris peut engendrer divers effets néfastes sur les écosystèmes. Les chauves-souris, comme tous les animaux présents dans un écosystème donné, contribuent au maintien de l'équilibre naturel des milieux. C'est la base même du fonctionnement des écosystèmes : chaque espèce a un rôle à jouer pour maintenir l'équilibre, et le déclin d'une d'entre elles provoque un bouleversement plus ou moins significatif au sein de cet équilibre. Ainsi, la disparition des chauves-souris insectivores entrainerait inévitablement un accroissement des populations d'insectes qu'elles consomment habituellement (Kunz et autres, 2011).

D'autres impacts du déclin des populations de chiroptères peuvent également être engendrés lorsque la chauve-souris se retrouve dans la position de la proie au lieu du prédateur. La prédation sur les chauves-souris du Québec est toutefois peu documentée. Il semble que les principaux prédateurs des différentes espèces de chauves-souris québécoises soient surtout les rapaces nocturnes, le raton laveur, la mouffette rayée, le renard, le vison et la couleuvre (Prescott et Richard, 2013). Donc, le déclin des populations de chauves-souris peut aussi nuire à la survie de différentes espèces fauniques qui s'en nourrissent.

Un autre élément intéressant à considérer dans l'étude des écosystèmes est la présence d'une espèce clé. La disparition d'une espèce clé peut bouleverser sérieusement un écosystème, en mettant en péril sa viabilité et la survie des différents organismes qui le composent (Krebs, 2009). Lorsqu'une espèce d'une telle importance se retrouve dans un écosystème, elle agit comme une pierre angulaire, car elle est au cœur du bon fonctionnement de son milieu, du fait de son comportement spécifique et/ou son abondance. À titre d'exemple, un animal peut, à la fois, produire des excréments très riches en différents nutriments essentiels pour les plantes du milieu, contrôler les populations d'une espèce qui pourrait devenir facilement envahissante sans sa présence et servir de nourriture pour d'autres espèces fauniques. Règle générale, il n'est pas évident de proclamer qu'une espèce donnée est réellement une espèce clé. Néanmoins, selon certains auteurs, plusieurs espèces de chauves-souris pourraient très bien être considérées ainsi (Jones et autres, 2009; Marino, s. d.; Mickleburgh et autres, 2002; Tuttle, 1988). Dans un tel cas, la protection des populations de chauves-souris serait encore plus importante pour conserver l'intégrité des milieux naturels.

Un autre impact environnemental lié au déclin des populations de chiroptères est celui de la perte du rôle de bio-indicateur pouvant être joué par les chauves-souris. Les insectes sont souvent utilisés comme bio-indicateurs, et ce, particulièrement pour les espèces vivant sur le fonds des cours d'eau, car ils sont très sensibles à la pollution (Office pour les insectes et leur environnement (Opie), 2008). Il est donc possible de déterminer le niveau de pollution d'un cours d'eau selon la présence ou la densité d'une espèce ou d'une communauté d'insectes en particulier. Cependant, les insectes sont parfois difficilement identifiables, car ils sont souvent non décrits ou en pleine révision taxonomique (Jones et autres, 2009). Aussi, il peut être ardu de les échantillonner rapidement et efficacement (McGeoch et autres, 2002).

Les chauves-souris ont le potentiel d'être utilisées comme bio-indicateurs, car elles sont sensibles aux changements apportés par l'humain aux écosystèmes. De plus, elles sont beaucoup moins sujettes aux inconvénients de techniques d'identification et de taxonomie reliés aux insectes, tels que la nécessité d'avoir recours à un binoculaire et à des clés dichotomiques complexes d'identification, et détiennent d'autres caractéristiques intéressantes pour remplir ce rôle. Ainsi, l'apparence physique ou le sonar propre à chaque espèce de chiroptères les rendent généralement facilement identifiables. Il est donc possible de suivre les tendances au sein de leurs populations et de mesurer les effets des différentes perturbations à court et à long terme sur ces dernières. Ensuite, comme les chauves-souris se déplacent par le vol et parfois sur de grandes distances, elles sont largement distribuées géographiquement. Elles sont donc toutes indiquées pour dévoiler les menaces à la biodiversité qui surviennent à grande échelle, ce qui est de plus en plus pertinent étant donné de la mondialisation de l'activité économique humaine. (Jones et autres, 2009)

Comme il en a été question plus tôt, les chauves-souris insectivores occupent des niveaux trophiques élevés. Elles sont donc très sensibles à l'accumulation des pesticides et autres toxines. Ainsi, les chauves-souris sont susceptibles de montrer les conséquences des polluants avant des organismes qui se situent à des niveaux trophiques inférieurs, tels que les insectes ou les oiseaux herbivores.

Les chauves-souris sont sensibles aux changements de qualité de l'eau, tels que ceux provoqués par les traitements des eaux usées et par l'eutrophisation des plans d'eau (Jones et autres, 2009). Il est prouvé que la diversité des insectes qui émergent de cours d'eau peut être beaucoup plus faible dans un plan d'eau situé en aval de sorties d'eaux usées (Whitehurst et Lindsey, 1990). La diminution des proies disponibles réduit grandement la qualité du site de chasse des chauves-souris, faisant en sorte qu'elles peuvent être poussées à quitter le milieu concerné. De plus, les chauves-souris peuvent s'intoxiquer directement en s'abreuvant auprès des cours d'eau contaminés (Wickramasinghe et autres, 2003).

Enfin, les chauves-souris peuvent aussi être utiles pour évaluer l'impact des modifications infligées aux habitats naturels lorsque des zones rurales et sauvages se transforment en zones urbaines. En effet, les besoins des chauves-souris en gîtes et en accessibilité à leur nourriture leur permettent de servir d'indicateurs de la qualité globale de l'habitat. (Fenton, 2003)

En définitive, il est de plus en plus clair qu'assurer la prospérité des populations de chauves-souris au Québec est un moyen pertinent de protéger l'environnement. En évitant l'épandage excédentaire d'insecticides, en maintenant l'équilibre au sein des écosystèmes naturels et en étant de bons bio-indicateurs, les chauves-souris procurent des services environnementaux inestimables à la société québécoise.

4. RÔLE DE L'APPUI DU PUBLIC DANS LE RÉTABLISSEMENT ET LE MAINTIEN DES ESPÈCES À STATUT PRÉCAIRE

L'appui du public est un élément très important à considérer lorsqu'il est question de conservation. Pour augmenter les chances de réussite d'un programme de conservation d'une espèce à statut précaire, il est nécessaire d'informer les gens à propos de l'importance de mettre en place différentes démarches de conservation et de leur implication dans le processus, ce qui nécessite des efforts de communication. Or, le cas de la chauve-souris est particulier puisqu'il s'agit d'une espèce non charismatique qui ne fait pas l'unanimité. En conséquence, la mise en œuvre d'actions pour l'aider à se rétablir et qui implique la participation ou le soutien du public peut être plus difficilement réalisable. Il est donc nécessaire de recourir à des moyens de communication pour augmenter l'acceptabilité sociale d'un tel projet.

Ce chapitre porte sur les différents rôles et impacts que peuvent avoir l'appui du public dans le rétablissement des populations de chauves-souris. En premier lieu, il est question du manque de charisme de la chauve-souris et de ce que cela implique comme conséquences sur la facilité de mise en place d'un programme de conservation la concernant. En second lieu, la notion d'acceptabilité sociale est définie, afin de démontrer toute l'importance qu'elle peut avoir dans ce genre d'initiative. En troisième lieu, l'importance de la sensibilisation par l'éducation est mise de l'avant, car il peut s'agir d'un moyen intéressant de faire la promotion de l'acceptabilité sociale d'un tel projet. En quatrième lieu, il est question du marketing social et de son application possible dans un contexte de rétablissement d'une espèce vulnérable. En dernier lieu, une revue de quelques cas d'animaux non charismatiques, qui ont réussi malgré tout à recevoir l'appui du public en faveur de leur conservation, est exposée. Cette revue démontre qu'il est possible de hausser significativement l'acceptabilité sociale d'un projet de conservation d'une espèce animale moins appréciée telle que la chauve-souris. Ainsi, cette dernière section permet de justifier la pertinence de la communication et de la sensibilisation dans un tel contexte.

4.1. Particularités des espèces non charismatiques

La conservation de la faune n'est pas toujours facile à financer ou à promouvoir. Souvent, elle nécessite l'appui du public afin d'obtenir des fonds par des dons ou simplement supporter des actions de conservation. Un moyen efficace d'y arriver est d'obtenir l'attention du public en ayant recours à une espèce bannière, également appelée espèce étendard ou espèce porte-drapeau (Clucas et autres, 2008). Ce genre d'espèce a une valeur symbolique et arrive à capter l'attention du public, facilitant ainsi des efforts de conservation comme la création d'une zone protégée (Primack, 2010). Un bon exemple d'une espèce bannière est l'emblème du Fonds mondial pour la nature, plus connu sous son appellation anglophone *World Wide Fund* (WWF) et symbolisé par un panda géant (Kontoleon et Swanson, 2003). Or, une espèce bannière est pratiquement toujours une espèce charismatique, telle que des grands mammifères ou des oiseaux (Bowen-Jones et Entwistle, 2002; Clucas et autres, 2008). Une étude a également démontré que plus une espèce est attirante, plus il sera facile d'obtenir du support pour sa protection (Gunnthorsdottir, 2001). Aussi, un tel support est plus facilement atteint pour des espèces de grande taille et pour celles qui ressemblent aux humains (Gunnthorsdottir, 2001), ce qui n'est pas vraiment le cas des chauves-souris.

En fait, la chauve-souris se retrouve pratiquement à l'inverse de cette catégorie d'animaux. Loin d'être un animal charismatique qui attire la sympathie et l'attention des gens, elle se retrouve plus souvent dans un groupe d'animaux qui dérange les gens, qui les effraient ou, pire encore, qui est à la base de phobies. La chauve-souris est fréquemment comparée aux serpents, aux insectes et aux araignées, soit des animaux effrayants qui n'attirent la sympathie que d'une faible proportion de la population (Prokop et Tunnicliffe, 2008). Il faut dire que ni leur aspect repoussant ni certains de leurs comportements d'alimentation ne jouent en leur faveur.

Par ailleurs, il a été démontré que ce sont aussi très souvent des animaux charismatiques qui figurent sur les magazines de nature et de conservation. Cette technique permet d'attirer l'attention du public, permettant par le fait même d'augmenter les ventes des revues en question. Ceci peut donc être très intéressant pour promouvoir des renseignements liés aux environnements naturels et assurer la rentabilité et la survie financière de ce genre de publications. Or, certains auteurs avancent que le fait de toujours mettre à l'avant-plan des espèces charismatiques puisse entrainer un effet pervers sur le grand public. En effet, ceci fait en sorte que les gens ne sont sensibilisés qu'à une faible proportion des problèmes de conservation et sont rarement en lien avec des animaux non populaires comme les chauves-souris (Clucas et autres, 2008).

Un changement dans les mentalités pourrait permettre de protéger des espèces peut-être moins séduisantes, mais souvent beaucoup plus utiles aux écosystèmes. Promouvoir des espèces moins attirantes, mais plus utiles à différents égards pourrait donc avoir un impact bénéfique beaucoup plus grand que de concentrer continuellement les efforts sur la même catégorie prisée d'animaux.

Néanmoins, ce dernier aspect reste discutable, notamment parce qu'il est fréquent que des espèces charismatiques soient aussi considérées comme des espèces ombrelles. Logiquement, plus une espèce est de grande taille, plus elle occupera une grande superficie d'espace vital. Comme il en a été question précédemment, les espèces charismatiques sont justement souvent dotées de grandes tailles. Ainsi, en protégeant les milieux de vie de ces grandes espèces, il n'est pas rare que cette protection profite du même coup à bien d'autres organismes qui restent inconnus du grand public.

Même s'il est souvent plus facile pour les espèces charismatiques d'obtenir l'appui des humains pour leur protection, il n'en reste pas moins que les animaux non charismatiques peuvent détenir d'autres caractéristiques pouvant jouer en leur faveur. Ainsi, il semblerait que, pour une espèce qui n'attire normalement que très peu de sympathie de la part du public, avoir un statut précaire la rendrait beaucoup plus attractive aux yeux de ce dernier (Gunnthorsdottir, 2001). Ceci pourrait donc jouer en faveur des chauves-souris. De plus, des facteurs tels que l'importance écologique, l'unicité et l'utilité pour les humains joueraient également un rôle positif dans l'appui du public (DeKay et McClelland, 1996), ce qui pourrait, encore une fois, avantager les chiroptères.

Aussi, il est intéressant de noter que la chauve-souris déclenche habituellement moins de terreur que les araignées, un animal particulièrement craint par les humains et souvent comparé aux chiroptères (Prokop et Tunnicliffe, 2008). Cette affirmation peut être expliquée par le

59

fait que les araignées sont beaucoup plus souvent côtoyées que les chauves-souris par les humains et qu'il s'agit d'un animal grouillant. La chauve-souris, étant moins en contact avec les humains et n'ayant pas la capacité de se faufiler à l'insu des gens sur leur corps ou dans leurs vêtements, semble peut-être moins envahissante aux yeux du grand public. Ceci peut être encourageant dans une démarche pour la rendre plus charmante aux yeux du public, dans le sens où il ne s'agit pas de l'espèce la plus repoussante du règne animal.

L'aspect mystérieux de la chauve-souris peut être un atout intéressant dans la quête de la rendre plus sympathique à la population. Dans un premier temps, le mystère peut amener les gens à s'intéresser aux chauves-souris, et, dans un deuxième temps, la connaissance approfondie de l'animal peut faire croître son appréciation. En effet, si la chauve-souris n'arrive pas à émouvoir les gens par sa beauté, elle peut tout de même les intriguer. En misant sur une telle approche, il est concevable que la chauve-souris gagne des points dans l'estime du grand public. Plus les gens en connaissent sur les chauves-souris, moins ils en ont peur et plus ils sont enclins à les apprécier (Prokop et Tunnicliffe, 2008). Cela peut être lié à la démystification de certaines croyances négatives ou encore à l'envie d'en apprendre davantage sur ces animaux. En effet, en obtenant des informations véridiques sur les comportements et les habitudes de vie des chauves-souris, des gens de prime abord rébarbatifs peuvent réaliser que les mythes en lesquels ils croyaient se révèlent faux, rendant ainsi l'animal beaucoup plus sympathique. Aussi, en découvrant les caractéristiques fascinantes des chiroptères, en particulier en ce qui a trait aux particularités de leur comportement et de leur physiologie, il ne serait pas surprenant que des gens commencent à s'y intéresser.

En somme, le côté intriguant et l'importance du rôle dans les écosystèmes d'une espèce non charismatique peuvent réellement l'aider à obtenir l'appui du public. Les mentalités changent et il ne serait pas surprenant que les jeunes générations soient davantage portées à supporter la conservation d'espèces animales pour des raisons autres que la simple beauté qu'elles évoquent. De plus, il ne faut pas omettre que la beauté est relative. Si une chauve-souris parait laide et repoussante pour une personne en particulier, elle peut paraitre magnifique pour une autre. Il est possible de comparer cette situation à certains animaux domestiques populaires tels que le chat sphinx, qui est dépourvu de poils, ou encore le chihuahua. Plusieurs personnes les trouvent affreux alors que d'autres les trouvent sublimes. L'exemple de l'engouement grandissant pour les chiens molossoïdes tels que le carlin (pug), le bulldog ou encore le boxer, est également intéressant. Cette situation est reliée à une nouvelle tendance qui popularise les animaux habituellement considérés comme étant laids. Dans cette veine, le terme anglophone « *ugly cute* », qui peut se traduire par « si laid qu'il en devient mignon », est couramment utilisé pour désigner ces animaux (Urban Dictionary, s. d.). Ainsi, la chauve-souris pourrait très bien devenir de plus en plus populaire pour ces adeptes du « *ugly cute* ».

4.2. Importance de l'acceptabilité sociale

L'acceptabilité sociale est un phénomène qui se retrouve de plus en plus souvent au cœur de la prise de décisions et de l'implantation de projets de toutes sortes. Sans l'appui du public, il est difficile d'aller de l'avant avec une initiative, aussi bien intentionnée qu'elle puisse être. La conservation des chauves-souris ne fait pas exception à la règle. Pour parvenir à mettre en place des stratégies efficaces de rétablissement et de maintien des populations de chauves-souris, il est primordial que la société québécoise se sente concernée par le projet ou, du moins, qu'elle accepte que des efforts soient déployés en ce sens.

L'acceptabilité sociale doit être considérée comme un facteur important pour assurer la réussite d'un projet quelconque (Fournier, 2009). En effet, l'échec de projets de société est de plus en plus souvent attribuable au manque de considération de l'acceptabilité sociale par les promoteurs. C'est d'ailleurs le cas du projet immobilier du Mont-Orford, où il était question de construire un village piétonnier au bas d'un centre de ski situé à l'intérieur des limites du Parc national du Mont-Orford (Lehmann et Motulsky, 2013). Ce projet n'a pas pu voir le jour, en grande partie à cause des opposants qui avaient été négligés et sous-estimés par la compagnie dès le début du processus (Lehmann et Motulsky, 2013). Pour éviter que ce genre de situation ne se répète, il est nécessaire de s'assurer que les citoyens soient en accord avec le projet avant de le mettre en place et de considérer sérieusement leurs opinions en cours de processus.

4.2.1. Particularités de l'acceptabilité sociale

Le concept de l'acceptabilité sociale peut paraitre flou à différents égards. D'ailleurs, diverses définitions existent, tout dépendamment du contexte dans lequel ce phénomène est impliqué. En intégrant les plus fréquemment utilisées, l'acceptabilité sociale peut se définir comme étant le résultat d'une démarche qui considère les opinions d'une collectivité donnée lors de la mise en place d'un projet, d'un programme ou d'une politique. Pour augmenter l'acceptabilité sociale d'un projet, les différentes parties prenantes doivent accepter les conséquences qui peuvent découler de l'initiative concernée. Aussi, il est important de comprendre que l'acceptabilité sociale ne vise pas nécessairement à rejoindre unanimement chaque personne concernée par l'enjeu. Elle vise plutôt l'atteinte d'un consensus raisonnable. (Conseil patronal de l'environnement du Québec (CPEQ), 2012)

Certaines variables sont à considérer sérieusement dans un processus menant vers l'accroissement de l'acceptabilité sociale. Les quatre principales sont le promoteur, la nature du projet, le milieu d'accueil de ce dernier et les différents processus de planification et de concertation utilisés (CPEQ, 2012). Chacune d'entre elles peut influencer le degré de l'acceptabilité sociale d'un projet.

Dans un projet de conservation concernant les chauves-souris où il est question d'assurer la mise en place des différentes stratégies et mesures de rétablissement et de maintien de ces populations animales, le promoteur peut être représenté par diverses instances telles qu'un gouvernement, une firme d'experts engagée par celui-ci, un organisme à but non lucratif ou encore des institutions comme le Biodôme de Montréal. L'attitude, la réputation ou le degré d'engagement du promoteur sont tous des critères qui sont susceptibles d'influencer la confiance des gens envers ce dernier, et donc, d'augmenter les chances de réussite du projet.

La nature du projet a également son rôle à jouer dans l'acceptabilité sociale du projet. Si, à la base, il s'agit d'un projet fortement contesté, il sera d'autant plus difficile de faire augmenter son acceptabilité sociale. L'ampleur du projet, ses impacts et ses risques potentiels ainsi que les coûts lui étant associés sont tous des critères importants à considérer. Dans ce contexte-ci, il est important de garder en tête que mettre en place des mesures pour aider les chauves-souris ne fera peut-être pas l'unanimité dans toutes les régions du Québec. Un bon travail d'éducation et de sensibilisation sera surement nécessaire.

Le milieu d'accueil, soit la ou les régions plus directement touchées par le projet, peut influer l'issue du projet. Pour un projet de conservation des chauves-souris à l'échelle du Québec, le milieu d'accueil peut aussi bien être l'ensemble d'une région administrative qu'un site minier ou un petit quartier ciblé comme étant particulièrement important grâce à ses caractéristiques environnementales ou géographiques. Donc, il importe de bien connaitre les différentes composantes qui lui sont rattachées afin de les considérer dans un tel contexte d'augmentation de l'acceptabilité sociale.

Enfin, les différents processus de planification et de concertation utilisés dans ce contexte-ci sont évidemment très importants. Il s'agit ici de l'ensemble des mesures d'information, de dialogue et d'adaptation qui sera mis en place, doublé de l'attitude et de la cohérence avec lequel il sera déployé. Nécessairement, il sera important d'adapter ces mesures aux différents publics visés dans ce contexte de conservation des chauves-souris. En effet, le contenu et la manière de le véhiculer doit être différent selon si l'audience est, par exemple, des élèves d'une école primaire ou un conseil municipal. (CPEQ, 2012)

En plus de ces quatre variables, plusieurs facteurs doivent être pris en compte pour favoriser une meilleure acceptabilité sociale d'un projet. D'abord, il y a la responsabilité du promoteur d'intégrer rapidement les différentes parties prenantes dès les débuts du projet. Cela permet de comprendre et d'intégrer les réalités propres à la région concernée. Ensuite, il est primordial de respecter le droit qu'ont les instances et les citoyens de s'opposer au projet, s'ils le désirent. Le promoteur peut tenter de dialoguer avec eux pour trouver des solutions, mais il ne doit, en aucun cas, les dénigrer ou les attaquer. Puis, il faut s'assurer que la transparence et l'écoute soient toujours au cœur des échanges entre les différentes personnes concernées par le projet. Finalement, il est nécessaire que le consentement des parties soit libre et éclairé tout au long de la mise en place du projet. (CPEQ, 2012)

Comme dans plusieurs cas où l'acceptabilité sociale est peu élevée, le concept du « Pas dans ma cour », plus connu sous le terme de NIMBY, soit l'acronyme anglophone de la traduction « *Not in my back yard* », peut apparaitre. Il s'agit d'une situation où il y a absence totale d'acceptabilité sociale. Une personne atteinte du syndrome NIMBY cherche à s'opposer catégoriquement à un projet donné qui pourrait l'incommoder directement. Ce type d'opposition est souvent motivé par des intérêts personnels tels que la perte de jouissance d'un milieu donné, la crainte d'obtenir une dévaluation de sa propriété ou celle de voir sa qualité de vie diminuée à cause de la mise en place du projet en question. Cependant, il n'est pas rare que le phénomène NIMBY soit provoqué par des croyances mal-fondées ou des idées préconçues. Le manque d'information sur la situation et sur les véritables impacts qu'elle peut engendrer est fréquemment à la base de ce dernier. (CPEQ, 2012)

Le syndrome NIMBY peut également s'élargir à plus grande échelle. Il est alors possible de parler du syndrome BANANA, « *Build Absolutely Nothing Anywhere Near Anything* », qui peut se traduire par « Ne construisez rien nulle part près de quoi que ce soit » (Drouin, 2011). Dans ce cas-ci, pratiquement n'importe qui peut se sentir concerné par la situation et militer contre sa mise en place. Il peut donc s'agir de cas qui viennent à l'encontre des valeurs de plusieurs personnes, même de celles qui sont externes à la situation en tant que telle. Le syndrome BANANA ne s'applique pas exclusivement aux gens étant géographiquement éloignés du projet concerné; il s'applique à toutes les personnes qui se sentent interpellées par le projet et qui sont formellement contre. Ce syndrome a des racines plus profondes que le NIMBY, ce qui fait en sorte que les personnes qui en sont atteintes peuvent s'opposer systématiquement au projet, sans laisser de place à un débat. Pour une personne atteinte du syndrome BANANA, le projet concerné va non seulement à l'encontre de ses valeurs personnelles, mais aussi à l'inverse de sa conception du progrès (Gendron, 2014).

Souvent associée à de grands projets de société, l'acceptabilité sociale peut néanmoins s'appliquer à de plus petits projets, tels que la mise en place d'un programme de conservation d'une espèce à statut précaire. La conservation des chauves-souris n'est pas un projet de la trempe du cas du Mont-Orford, mais requiert néanmoins l'appui du public pour permettre sa mise en place. Si l'animal au cœur du projet n'est nullement apprécié, s'il est craint ou encore détesté de la population, il y a fort à parier que la moindre action proposée pour lui venir en aide sera ignorée ou même décriée. La chauve-souris, n'étant pas un animal charismatique, est visiblement concernée par cette situation.

À titre d'exemple, la possibilité d'encourager la population à installer des nichoirs artificiels pour les chauves-souris pourrait très bien être victime du phénomène NIMBY ou de la variante BANANA. Pour des personnes peu instruites sur le comportement des chauves-souris du Québec ou qui entretiennent de fausses croyances telles que celle voulant que toutes les chauves-souris soient assoiffées de sang humain, il est probable que ce genre d'initiatives les rebute au plus haut point. Il est donc primordial d'encourager l'acceptabilité sociale, en s'assurant d'abord que les gens ont accès à de l'information claire sur les différents enjeux impliqués, afin qu'ils puissent se faire une opinion qui leur est propre et, surtout, juste. Néanmoins, même dans le cas où les gens sont bien informés sur la situation, le syndrome NIMBY peut sévir. Conscients des bénéfices que peuvent apporter les chauves-souris, certaines personnes peuvent être en accord avec la conservation de ces animaux, tant que les dispositions à mettre en place ne sont pas dans leur cour. Dans le cas des personnes atteintes du syndrome BANANA, il pourrait s'agir de gens n'habitant pas du tout dans les régions où des nichoirs pourraient être installés, mais qui s'opposeraient tout de même au projet. Ainsi, l'acceptabilité sociale peut se vivre à différents niveaux. Il importe donc de prévoir des arrangements qui peuvent accommoder différents tempéraments et surtout, considérer toute la population.

Dans le cas où le projet serait gouvernemental, accepter la mise en place de mesures de rétablissement et de maintien des populations de chauves-souris signifie également d'appuyer la décision du gouvernement de débloquer des subventions pour y parvenir. Cela implique de convaincre les contribuables qu'il est légitime d'utiliser une portion de l'argent public des coffres de l'État pour un projet de conservation. Lorsque qu'une telle dimension financière est ajoutée, il n'est pas rare de voir surgir des réfractaires qui étaient, jusqu'alors, neutres ou même en accord avec le projet. Pour cette raison, il est très important de rester transparent tout au long de la démarche afin d'encourager l'acceptabilité sociale du projet (CPEQ, 2012). En divulguant quels montants sont investis et à quoi ils serviront, il est plus facile de garder la confiance des citoyens et ainsi conserver leur appui dans le projet.

4.2.2. Démarche à suivre pour augmenter l'acceptabilité sociale

La démarche à suivre pour augmenter l'acceptabilité sociale se décline en cinq phases. Dans cette section, chacune des phases est détaillée, suivie d'un exemple lié au projet de conservation des chauves-souris s'y rapportant. Afin de bien saisir la logique de cette approche, la figure 4.1 ci-dessous illustre l'ensemble des phases qui peuvent affecter le degré d'acceptabilité sociale d'un projet avec les facteurs, les variables et les syndromes NIMBY et BANANA qui influencent ces dernières.

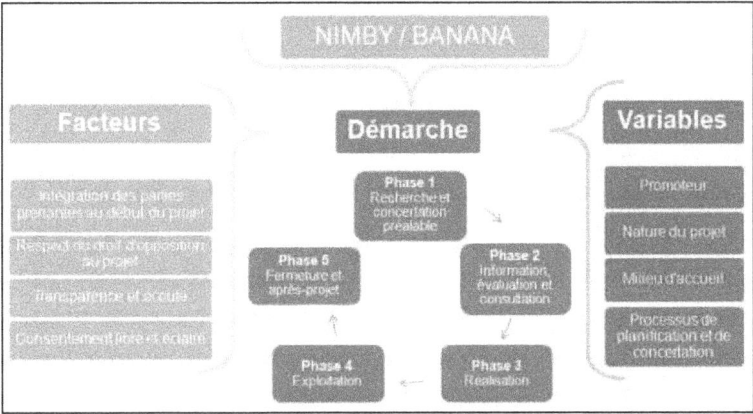

Figure 4.1 : Schéma de la démarche à suivre pour augmenter l'acceptabilité sociale d'un projet

La première phase est constituée de la recherche et de la concertation préalable. Elle sert surtout à connaitre les parties prenantes et le contexte dans lequel le projet devra s'implanter. Pour y arriver, il peut être utile de consulter l'historique du milieu, les caractéristiques sociogéographiques, sociopolitiques et socioéconomiques de la communauté, les activités des médias dans la région concernée ainsi que les exigences législatives réglementaires et institutionnelles. Ensuite, il est impératif d'informer les élus et les médias afin que la communauté concernée soit bien au courant des différentes facettes du projet et de ce que cela implique. En tout temps, l'information transmise aux diverses parties prenantes doit être précise et transparente. Comme il est fort probable que les moyens nécessaires à mettre en place pour conserver les chauves-souris ciblent plusieurs régions différentes du Québec, il peut être judicieux de connaitre les particularités de chacune d'elles. Ainsi, il sera plus facile de sélectionner des stratégies adéquates. (CPEQ, 2012)

La deuxième phase est celle de l'information, de l'évaluation et de la consultation. Au-delà de renseigner les gens sur les chauves-souris et ce qu'implique leur conservation, cette phase sert aussi à établir un lien de confiance entre les parties prenantes et le promoteur. Ce dernier doit évidemment évaluer les impacts et les risques reliés au projet. Les divulguer permet de réduire l'inquiétude de la population, car celle-ci sera plus aux faits de ce qui l'attend. Bien sûr, cela doit aussi inclure une estimation des coûts qui seront encourus pour l'ensemble du projet. Enfin, il est important de ne pas négliger la consultation. Il ne s'agit pas ici de simplement exposer les détails du projet et de répondre aux questions des citoyens : il faut surtout écouter et considérer les opinions apportées par les différentes parties prenantes. Cela peut même entrainer des changements au projet afin de le rendre plus adéquat à la situation de la population concernée. En fait, la consultation vise la participation des citoyens afin d'atteindre plus facilement la résilience communautaire. Pour ce faire, il existe de nombreux mécanismes de participation, tels que des réunions d'information, des assemblées publiques, des groupes de discussions, des sondages ou même des blogues. Comme il en a été question dans la section précédente de ce chapitre, la chauve-souris n'est pas un animal qui fait l'unanimité. Dans un projet de conservation des chauves-souris, cette phase est particulièrement importante pour augmenter l'acceptabilité sociale. À titre d'exemple, il pourrait être envisageable d'organiser, dans une région où l'installation de nichoirs serait une intervention efficace, des séances interactives pour discuter avec les citoyens des endroits où ce genre de structures serait la bienvenue. Ainsi, des citoyens pourraient proposer des parcs, des terrains scolaires ou encore leurs terrains privés pour l'installation de ces nichoirs. En incluant leur participation dans ce genre de décisions, les gens peuvent se sentir davantage impliqués dans le projet et, donc, plus enclins à collaborer. (CPEQ, 2012)

La troisième phase est liée à la réalisation du projet. Plus les deux premières phases ont été établies avec minutie, plus celle-ci sera une réussite. Néanmoins, il ne faut pas négliger la poursuite de certains moyens de communication pour répondre à d'éventuels nouveaux questionnements provenant des instances concernées ou de parties prenantes s'étant ajoutées en cours de route. (CPEQ, 2012)

L'avant-dernière phase est celle qui correspond à l'exploitation. Dans le cas d'un projet de conservation des chauves-souris, cela est lié au suivi des différentes mesures de rétablissement et de maintien des populations de chiroptères. Il peut être intéressant de prévoir un comité de vigilance pour s'assurer que tout se déroule comme prévu. Ainsi, si de nouvelles problématiques surviennent, le comité pourra avertir les promoteurs pour rectifier la situation le plus rapidement possible. (CPEQ, 2012)

Finalement, la cinquième et dernière phase de la démarche de l'acceptabilité sociale représente la fermeture et l'après-projet. Facultative, cette phase survient surtout dans les projets à durée déterminée. Comme il est difficile de prévoir la durée que pourrait prendre un programme de conservation des chauves-souris du Québec, il peut être utile de se pencher sur cette phase. Elle sert surtout à prévoir la durabilité socio-économique et environnementale du projet afin de déterminer si ce dernier est sujet à subir des impacts imprévus en cours de route qui pourront être rectifié avant la fin de celui-ci. C'est une étape d'ajustement ou de suivi qui sert à corriger des situations qui ont pu s'éloigner de l'objectif du projet. Enfin, cette phase vérifie le respect des engagements pris par le promoteur. À titre d'exemple, s'il a été nécessaire de mettre en place des infrastructures temporaires pour permettre le rétablissement des populations de chauves-souris en attendant que leur habitat naturel soit réhabilité, il faut s'assurer que ces dernières soient retirées dans les délais prévus. (CPEQ, 2012)

4.3. Sensibilisation par l'éducation

Comme il en a été question plus tôt dans ce chapitre, la chauve-souris est un animal peu charismatique, ce qui représente un obstacle de taille pour obtenir l'attention des citoyens et, éventuellement, leur appui dans des projets de conservation la ciblant. Ainsi, promouvoir la conservation de cet animal représente un véritable défi. Pour arriver à le surmonter, il est nécessaire que la population soit davantage aux faits de ce que cela implique. C'est la première étape, vitale, dans un tel processus. Pour ce faire, il est courant d'avoir recours à la sensibilisation.

Pourtant, il est difficile de savoir si cette façon de faire est réellement efficace. En effet, les gens sont apparemment très sensibles à propos de tonnes de sujets divers, mais n'agissent que très rarement. Peut-être parce qu'ils ne comprennent pas suffisamment de quoi il en retourne? C'est pourquoi il est important de pousser le concept à un niveau supérieur, soit d'avoir recours à l'éducation. À titre d'exemple, de nombreuses personnes peuvent se sentir émues devant le massacre de différentes espèces de mammifères pour leur fourrure, mais n'agiront pas pour autant afin de mettre fin à ces agissements. Par contre, s'ils comprennent que ces gestes se perpétuent à cause de la demande grandissante en fourrure et qu'ils ont le pouvoir, en tant que consommateurs, de nuire à ce marché en cessant d'acheter des manteaux confectionnés de cette matière, ils seront plus enclins à agir de manière significative. Donc, l'éducation peut avoir un impact beaucoup plus puissant que la simple sensibilisation.

Dans cette veine, l'organisation non gouvernementale RARE, qui œuvre dans le domaine de la conservation depuis de nombreuses années, propose un modèle logique appelé « *The Pride Campaign Impact Model* », qui définit ce que peut engendrer une campagne d'éducation en conservation. D'ailleurs, chacune de leur campagne est précisément basée sur ce modèle (figure 4.1).

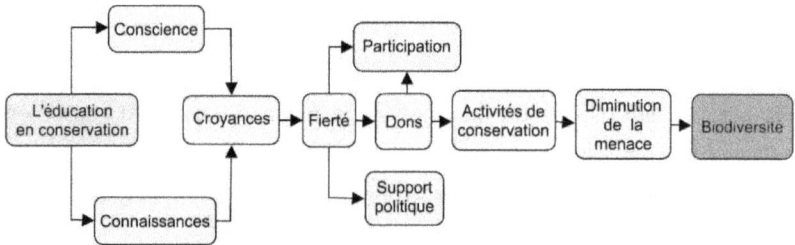

Figure 4.2 : Modèle logique « *The Pride Campaign Model* » (traduction libre de : RARE, s. d., p.6)

En bref, ce schéma suggère que l'éducation en conservation permet aux citoyens d'acquérir des connaissances et de prendre conscience de ce qu'implique un projet donné. Une fois ces outils en main, les gens sont en mesure de se forger leurs propres croyances. Ces croyances peuvent ensuite se transformer en fierté. La fierté d'une communauté locale peut engendrer trois impacts bénéfiques pour la conservation : permettre un support politique, augmenter la participation des gens et encourager les dons. Puis, la collecte de ces dons peut permettre la mise en place d'activités de conservation qui, elles, parviendront à diminuer la menace qui pèse sur l'espèce en péril concernée. Ainsi, en bout de ligne, la biodiversité s'en retrouve préservée. (RARE, s. d.)

En conservation, l'éducation peut réellement être un outil très efficace, mais il importe de ne pas sous-estimer les efforts requis pour s'en servir. En effet, toute l'efficacité derrière l'éducation repose sur trois critères : elle doit être bien organisée, équilibrée et continuelle. Il est essentiel de garder en tête que les gens peuvent oublier des notions et que la population change constamment, ce qui fait en sorte que la tâche n'est jamais vraiment accomplie. De plus, le public est multigénérationnel et multidisciplinaire. En effet, la population est formée d'enfants et de leurs parents et professeurs, mais également de politiciens, de législateurs, de promoteurs, d'agriculteurs, de scientifiques, bref, de toutes sortes de gens qui ont un bagage différent et leurs idées propres. Ainsi, les notions véhiculées doivent être adaptées à différentes audiences. Aussi, il est bien connu qu'en science, les connaissances sont constamment renouvelées et pas seulement en ce qui concerne directement les chauves-souris, mais également dans tous les domaines importants impliqués dans la conservation de la faune. Alors, pour s'assurer que l'éducation fonctionne bien dans un tel contexte, il est essentiel que les gens soient persuadés que le discours véhiculé est important, intéressant et véridique. (Altringham, 2011)

4.4. Pouvoir du marketing social

Bien que la sensibilisation par l'éducation soit un bon point de départ pour encourager l'acceptabilité sociale d'un projet et pour amorcer des changements importants dans les mentalités, il ne s'agit pas d'une garantie d'obtention de résultats tangibles et efficaces. Cette approche, qui est très utile en amont du processus pour amener la population à être plus encline à accepter la conservation des chauves-souris, n'assure pas nécessairement le succès des stratégies de rétablissement et de maintien de ces dernières. Pour ce faire, il est primordial d'obtenir des agissements concrets afin d'assurer la viabilité, l'efficacité et le taux de réussite des stratégies de rétablissement et de maintien des populations de chauves-souris mis en branle. Le marketing social peut réussir à atteindre cet objectif d'engagement.

Afin de saisir ce qu'implique le marketing social, il importe de comprendre d'abord ce qu'est le marketing conventionnel, également appelé « la mercatique ». Il s'agit d'un ensemble de moyens et de techniques visant à encourager les besoins du marché afin de commercialiser des produits et des services qui pourront satisfaire ces mêmes besoins (OQLF, 1999). En bref, le but du marketing conventionnel est de vendre un produit, alors que celui du marketing social est de vendre un comportement (Gaulin, 2010).

Souvent associé au marketing commercial ou d'entreprise, le marketing conventionnel est parfois pointé du doigt pour le manque d'éthique véhiculé dans les techniques utilisées pour le mettre en œuvre. Cette pratique permet aux entreprises de découvrir ce que les gens veulent acheter, ce qu'ils sont prêts à dépenser pour le bien en question et les endroits où ils sont susceptibles d'aller l'acheter. Le marketing peut également fournir des pistes aux entreprises quant à la meilleure manière de promouvoir le produit ou le service concerné, grâce à des études de marché. Ainsi, en identifiant des caractéristiques sociales telles que le sexe, l'origine ethnique ou la classe sociale, les entreprises peuvent influencer l'achat de biens et de services. (Lynn, 2001)

Le marketing social, quant à lui, est habituellement utilisé pour réaliser des changements sociaux. Contrairement au marketing conventionnel, l'objectif fondamental du marketing social reste toujours moral. En effet, ce type de marketing s'adresse à des citoyens, et non à des consommateurs. De plus, il vise un changement social, au lieu de chercher à obtenir une part de marché. Finalement, l'utilisation du marketing social se fait dans l'optique d'améliorer le bien-être de la collectivité, plutôt que de chercher à générer des profits. (Lynn, 2001)

Dans les faits, le marketing social poursuit quatre objectifs principaux. Il doit réaliser des gains sociaux au moyen d'instruments de marketing commercial, présenter une évolution de la conscience sociale en ce qui concerne un domaine particulier, influencer l'opinion publique et le comportement des gens ainsi que motiver les gens à s'engager volontairement dans la réalisation, la construction ou le maintien d'un bien social (Kotler, 1982).

Il possible de voir le marketing social comme une approche intermédiaire entre la simple diffusion d'information et l'application d'une loi (Gaulin, 2010). C'est précisément cet aspect qui rend cette approche si intéressante pour un projet de conservation des chauves-souris. En effet, donner seulement de l'information n'aurait probablement pas assez d'impact puisque cette approche est surtout efficace pour un public qui est déjà enclin à adopter le comportement en question (Gaulin, 2010). Il s'agit souvent de cas où les gens voient des avantages dans l'adoption du comportement et n'ont pas besoin d'être convaincus de la légitimité de ce dernier (Gaulin, 2010). Ils sont au courant des bénéfices potentiels que le comportement pourrait leur rapporter et n'ont donc aucune ou très peu de réticences à l'adopter. Leur donner de l'information permet de renforcer leur compréhension, en apportant plus de précisions sur des points qu'ils n'avaient peut-être pas saisis dans un premier temps. Dans ce cas-ci, cette approche pourrait être utile pour les personnes qui sont un peu au courant des bénéfices pouvant être apportés par les chauves-souris, mais qui ont besoin d'en connaitre davantage pour agir concrètement.

À l'inverse, l'application d'une loi serait probablement trop drastique pour le genre de comportement concerné dans ce cas-ci. Cette approche est davantage utilisée dans les cas où le public cible est très résistant à adopter le comportement, car il n'y voit aucun avantage, voire même que des désavantages (Gaulin, 2010). Évidemment, certaines personnes peuvent s'avérer très récalcitrantes à l'idée d'aider les populations de chauves-souris, particulièrement si elles considèrent ces animaux comme de la vermine. Cependant, il serait surprenant qu'il s'agisse de la majorité de la population. De plus, mettre en place une loi est un processus laborieux et ne serait pas adéquat pour cette situation, où il est surtout plus question d'intolérance que de volonté criminelle pour les plus récalcitrants. Ne pas appuyer un projet de conservation des chauves-souris ou ne pas accepter de mettre en place des mesures concrètes, telles que l'installation d'un nichoir sur son propre terrain, ne constitue pas un méfait en soi. Créer une loi à cet effet serait absurde. À l'extrême, s'il advenait que des gens détestent les chauves-souris à un tel point qu'ils pourraient les blesser ou les tuer sans motif justifiable, il existe déjà certains articles de la *Loi sur la conservation et la mise en valeur de la faune* (LCMVF) qui prévoit des dispositions pénales pour ce genre de méfaits. D'abord, l'article 26 stipule que personne ne peut déranger ou détruire le gîte d'un animal sauvage, à moins que l'animal entraine des dégâts à la propriété de la personne concernée (LCMVF). Ensuite, l'article 56 indique qu'il est interdit de chasser ou de piéger tout animal ne faisant pas partie d'un règlement établi par le ministre, ce qui est le cas des chauves-souris (LCMVF). Enfin, l'article 67 prévoit qu'il est interdit de tuer ou de capturer un animal qui cause du dommage ou qui attaque une personne lorsqu'il est possible de l'effaroucher ou de l'empêcher d'agir (LCMVF). À moins d'un règlement précis émis par le ministre à ce sujet, personne ne peut abattre ou capturer un animal qui cause des dégâts aux biens publics ou qui doit être déplacé pour des fins d'intérêts publics (LCMVF). De plus, lorsque certaines espèces de chauves-souris seront officiellement désignées comme menacées ou vulnérables, la LEMV s'appliquera également, conférant ainsi plus de protection aux chauves-souris.

En considérant les Québécois comme un public intermédiaire ou résistant à adopter le comportement visé, le marketing social semble être un bon moyen pour augmenter l'acceptabilité sociale reliée à la mise en place des mesures tentant de rétablir et de maintenir les populations de chauves-souris.

En marketing social, il est important de suivre cinq étapes pour s'assurer que le comportement choisi soit adopté par le public cible, soit dans ce cas-ci, la population québécoise. (Gaulin, 2010)

Premièrement, il faut choisir le comportement à promouvoir. Un comportement doit être une action, quelque chose que le citoyen peut faire. Dans ce cas-ci, il s'agirait d'une ou l'autre des mesures de rétablissement ou de maintien des populations de chauves-souris pouvant être mises de l'avant. Concrètement, cela pourrait être d'installer un nichoir sur son terrain ou remettre un don à une fondation qui subventionne des recherches sur le SMB. À l'inverse, être au courant du déclin des chauves-souris, vouloir aider l'environnement ou aimer la nature, ne constituent pas des comportements. Ce sont plutôt des valeurs, des attitudes ou des connaissances. Ensuite, il faut choisir le processus de marketing social qui convient au comportement choisi. Ce dernier doit avoir un impact significatif sur l'objectif principal. Ce comportement peut s'agir de rétablir ou de maintenir les populations de chauves-souris. Enfin, il doit être constitué de telle sorte que les gens soient prêts à l'adopter. (Gaulin, 2010)

Deuxièmement, il faut identifier les obstacles et les motivations du public quant à l'application du comportement visé. Pour y arriver, il est nécessaire d'utiliser une méthode d'identification telle que la recherche documentaire, des groupes de discussion ou encore un sondage. Parmi les obstacles couramment rencontrés, on retrouve le manque de motivation, le manque de pression sociale, l'oubli ou encore des connaissances insuffisantes. (Gaulin, 2010)

Troisièmement, il faut développer une stratégie pour contrer chacun des différents obstacles qui ont été identifiés précédemment à la deuxième étape. En reprenant les exemples d'obstacles précédents, un manque de motivation peut être aboli en utilisant des engagements ou des mesures incitatives. Ce peut être aussi anodin que de recevoir un crédit d'impôt pour avoir remis un don qui soutient la recherche scientifique sur le SMB. Puis, exposer une norme sociale peut s'avérer un excellent moyen d'augmenter la pression sociale dans le but de susciter un comportement précis chez un groupe d'individus. À titre d'exemple, apposer un message à l'entrée des grottes touristiques, indiquant que tout spéléologue responsable prend le temps de bien nettoyer ses vêtements et son équipement avant de visiter une nouvelle caverne pour éviter la propagation de spores pouvant causer le SMB chez les chauves-souris, pourrait être une bonne stratégie pour contrer cet obstacle. Aussi, un aide-mémoire est un outil efficace contre les oublis. Pour reprendre l'exemple du comportement précédent, il serait facile d'apposer sur les équipements de spéléologie en location un aide-mémoire, sous forme de petit écriteau, où figurerait une liste de bonnes pratiques à adopter lors de l'exercice de cette activité. Enfin, concernant le manque de connaissances, un moyen efficace de le contrer pourrait être d'informer les gens via différents moyens de communication. À titre d'exemple, distribuer des dépliants dans les quartiers où il y a une forte présence de chauves-souris afin d'instruire les gens sur le comportement de ces animaux et les démarches à suivre en cas de contact ou de présence indésirable dans les maisons, pourrait éviter d'avoir recours à des exterminateurs. (Gaulin, 2010)

Quatrièmement, il est important de tester, avec une portion du public, l'efficacité de la stratégie choisie pour chacun des comportements à faire adopter. Cela a pour objectif de mesurer deux composantes essentielles au processus. D'abord, il faut mesurer l'ampleur du changement de comportement ou le pourcentage de réussite dans l'adoption d'un nouveau comportement. Dans le cas où ce dernier n'est pas concluant, il serait nécessaire de changer de stratégie ou d'identifier d'autres obstacles qui pourraient être la cause de cet échec. Ensuite, il faut mesurer l'impact que ce comportement a eu sur l'objectif principal soit, dans ce cas-ci, le rétablissement et le maintien des populations de chauves-souris au Québec. En effet, même si les stratégies employées ont été un succès et que beaucoup de personnes ont accepté de modifier ou d'adopter le comportement en question, cela ne sert à rien si ce dernier s'avère inutile pour atteindre l'objectif pour lequel tout le processus de marketing social a été mis en branle. (Gaulin, 2010)

Cinquièmement, il faut mettre en œuvre la ou les stratégies choisies pour l'ensemble du public visé et évaluer les impacts de l'adoption du comportement. Cette dernière étape permet de réorienter au besoin l'approche utilisée et d'obtenir plus de support auprès des instances qui fournissent le capital requis au projet, si nécessaire. Lors de l'évaluation, il peut être intéressant de signifier au public les impacts qu'ils ont eus sur l'objectif et s'il est nécessaire de poursuivre le comportement en question, de le modifier ou de le cesser complètement. (Gaulin, 2010)

En définitive, le marketing social est une approche très intéressante qui pourrait avoir un impact considérable dans la mise en place d'un projet de conservation des chauves-souris. Une fois jumelée à des techniques de sensibilisation et d'éducation favorisant l'acceptabilité sociale d'une telle initiative, il y a fort à parier sur l'efficacité de cette approche.

4.5. Cas réels d'efforts de conservation pour des espèces non charismatiques

À l'échelle de la planète, il existe certains cas de projets de conservation d'espèces non charismatiques qui ont réussi à aboutir, principalement en accroissant l'acceptabilité sociale de la population locale concernée. Ces cas peuvent représenter de véritables exemples de réussite pour la situation des chauves-souris au Québec. Cette section en présente brièvement trois, afin de donner un aperçu de ce qu'il est possible de faire dans ce domaine. Le premier est directement relié aux chauves-souris alors que les deux autres concernent respectivement le saïga et le diable de Tasmanie, deux animaux très différents des chiroptères, mais qui renferment des caractéristiques similaires au point de vue de leur difficulté au plan de l'acceptabilité sociale, dû à leur manque de charisme.

Le premier cas a été préalablement abordé dans la section concernant les impacts économiques du déclin des populations de chiroptères. Il s'agit de celui des tadarides du Brésil, ces chauves-souris qui nichent massivement sous le pont *Ann W. Richards Congress Avenue Bridge* situé à Austin, au Texas. Avant de devenir un attrait touristique majeur de la région, la présence des chauves-souris était, au contraire, une source de grand désarroi pour la population locale. La crainte et la haine des chauves-souris étaient si fortes que la population d'Austin avait présenté une pétition au gouvernement pour revendiquer leur extermination totale, ce qui représentait la mort de centaines de milliers d'animaux. Puis, grâce aux efforts de l'écologiste américain Merlin D. Tuttle et de l'organisme *Bat Conservation International* (BCI), qui était en pleine campagne au travers des États-Unis pour éduquer les gens quant aux rôles écologiques des chauves-souris, il a été possible de sauver ces milliers de chauves-souris de l'extermination. Cette campagne, qui a été étendue à divers endroits dans le monde, misait principalement sur la présentation de photographies et de films mettant en valeur la beauté cachée et exceptionnelle des chauves-souris. À Austin, Merlin D. Tuttle et le BCI ont réussi à convaincre les gens que les chauves-souris pouvaient être des animaux très plaisants à observer, tout en étant très utiles dans le contrôle des insectes nuisibles. Maintenant, des citoyens et des touristes se réjouissent de leur présence. La figure 4.3 montre un exemple d'une envolée typique de chauves-souris à Austin à partir du *Ann W. Richards Congress Avenue Bridge*. (Primack, 2010)

Figure 4.3 : Envolée de chauves-souris à partir du *Ann W. Richards Congress Avenue Bridge* (tiré de BCI, s. d., page consultée le 13 avril 2015)

Comme il en a été question dans la section concernant les impacts économiques, ce cas est un véritable succès à différents points de vue. Il est notamment très intéressant de constater à quel point les gens ont radicalement changé leur fusil d'épaule. La chauve-souris est passée, en l'espace de peu de temps, d'une source de mépris et de frayeur à une source de fierté locale. Par ailleurs, le gouvernement américain protège désormais la colonie de chauves-souris d'Austin pour ses bienfaits en termes de lutte aux insectes et pour son statut de fierté civique. Ce cas est un bel exemple de ce que l'éducation et la sensibilisation peuvent donner. (Primack, 2010)

Le deuxième cas est celui du saïga, ou *Saiga tatarica*, une espèce d'antilope au physique peu attrayant qui a subi de grands déclins dans ses populations au cours des dernières décennies. La figure 4.4 montre une photo d'un spécimen mâle de cette espèce particulière.

Figure 4.4 : Saïga (tiré de Hance, 2009, page consultée le 22 mars 2015)

Cette espèce migratrice, originaire d'Eurasie, aurait perdu près de 95 % de ses effectifs depuis le début des années 90. La principale cause du déclin serait reliée à la chasse intensive et au braconnage des mâles, qui sont dotés de cornes ayant une grande valeur marchande. (*Saiga Conservation Alliance* (SCA), 2008)

En 2000, le gouvernement de la République de la Kalmoukie, située en Russie, a créé le *Center for Wild Animals of Kalmykia* (CWA) pour tenter de contrer le déclin rapide du nombre de saïgas sauvages. Ce centre poursuit plusieurs objectifs, tels que préserver la diversité génétique existante et encourager la reproduction des animaux en vue de leur libération en nature, en particulier pour augmenter le nombre de mâles qui sont souvent rares dans les troupeaux sauvages à cause du braconnage pour leurs cornes. Le CWA permet aussi de développer de nouveaux outils applicables à la conservation du saïga, tels que les méthodes de surveillance des populations sauvages et des recherches pour tenter de répondre rapidement au déclin. De plus, le CWA gère un programme d'éducation et de conservation très efficace et populaire pour les communautés locales et les visiteurs. En 2004, le CWA a réussi sa première réintroduction de saïgas nés en captivité, en permettant à cinq mâles de retrouver la vie sauvage. (*Conservation Centers for Species Survival* (C2S2), 2011)

Il existe aussi la *Saiga Conservation Alliance* (SCA), une alliance de conservation créée par différents pays concernés par la situation du saïga et dont le siège est situé au Royaume-Uni, qui travaille depuis plusieurs années pour la sauvegarde de cette espèce. Ce réseau de scientifiques et d'écologistes qui parcourent les différents habitats de ces animaux se dit persuadé de pouvoir trouver des solutions de conservation durable. En mars 2015, l'alliance a publié la nouvelle qu'une compétition artistique pour les enfants avait été organisée au Kazakhstan. Les enfants devaient illustrer, à l'aide de l'art de leur choix, une scène représentant le saïga. Le concours a reçu plus de 3 000 participations, témoignant ainsi de la sensibilisation grandissante de la population pour la conservation de ces animaux. (SCA, 2015)

La stratégie a été dans ce cas-ci de miser d'abord sur le côté emblématique du saïga, car cet animal détient une signification culturelle et historique pour la population d'Asie centrale qui le considère comme un symbole du mode de vie nomade traditionnel (*U.S. Fish & Wildlife Service*, s. d.).

Aussi, grâce à son lien rapproché avec le mammouth, le saïga demeure un héritage précieux pour les communautés locales. En fait, cette antilope est une des espèces vivantes de mammifères les plus anciennes du monde. Également, le saïga est une espèce clé des écosystèmes steppiques et sa disparition pourrait être très néfaste pour ce type de milieu. Cet aspect a été utilisé pour convaincre les gens de l'utilité de cet animal et de l'importance de sa conservation. Enfin, comme le saïga est présent dans plusieurs pays de l'Eurasie, une autre stratégie employée a été de divulguer l'information à son sujet dans différentes langues. Pour cette raison, la SCA publie des informations sur cette antilope dans six langues différentes, au moins deux fois par année. (Hance, 2009)

Également, miser sur la sensibilisation auprès des enfants a été une autre stratégie très importante, car la conservation des saïgas est un effort qui doit se faire à long terme. Les enfants d'aujourd'hui seront les adultes de demain qui prendront les décisions de conservation. De plus, en sensibilisant et en éduquant les jeunes, les parents peuvent l'être indirectement par l'entremise de leurs enfants qui racontent ce qu'ils apprennent en classe. Ainsi, les parents sont plus enclins à refuser d'acheter de la viande de saïga et à appuyer les mesures de conservation proposées par les différentes organisations qui œuvrent dans ce domaine. (Hance, 2009)

Depuis 2009, il semblerait que les populations de saïgas commencent à se stabiliser dans certaines régions. La mise en place de nouvelles lois et de mesures de conservation avec, notamment, l'aide de la SCA, aurait permis à cette espèce de s'éloigner de l'extinction. Néanmoins, il reste encore beaucoup de travail à faire. Comme cette espèce est présente dans plusieurs pays différents, il importe de poursuivre les efforts de sensibilisation, en particulier pour les peuples en dehors de l'Asie centrale qui en savent trop peu sur cet animal. (Hance, 2009)

Ce cas est un bon exemple de ce que l'appui de la population locale peut réussir à faire, soit de permettre la mise en place de programmes de conservation efficaces et d'appuyer des lois pouvant aider une espèce en voie de disparition, malgré l'apparence peu engageante de cette dernière.

Le dernier cas est celui du diable de Tasmanie, ou *Sarcophilus harrisii*, cet animal non seulement peu charismatique, mais également craint par la population. Cette crainte est probablement reliée à la croyance populaire que son apparence et ses comportements sont associés à une œuvre démoniaque. D'ailleurs, l'origine de son nom serait attribuée aux premiers Européens ayant rencontré l'animal et qui l'auraient rapidement associé au diable. En entendant les cris particuliers et les grognements des diables de Tasmanie ainsi qu'à la vue de leur pelage sombre, leurs grandes dents pointues et de leurs oreilles rouges, il n'est pas surprenant que les premiers colons aient eu peur de cet animal singulier. La figure 4.5 montre une photo d'un diable de Tasmanie. (*Parks and Wildlife Service*, 2014)

Figure 4.5 : Diable de Tasmanie (tiré de DevilArk, 2015, page consultée le 22 mars 2015)

Depuis 1996, un cancer, appelé le *Devil facial tumour disease* (DFTD), aurait décimé près de 90 % des populations naturelles de diables de Tasmanie (DevilArk, 2015). À l'origine, il semblerait que ce cancer ait émergé, il y a près de vingt ans, à la suite d'une mutation spontanée d'une cellule de Schwann appartenant à un diable de Tasmanie femelle (Deakin et Belov, 2012). Depuis, ce cancer contagieux se transmet d'un diable de Tasmanie à un autre par morsure, ce qui arrive couramment lors d'interactions sociales ou lorsque plusieurs individus se nourrissent sur la même carcasse (Deakin et Belov, 2012; Ujvari et autres, 2012). Lors de la morsure, les cellules cancéreuses agiraient comme une allogreffe et se propageraient dans la plaie de l'animal qui a été mordu par un congénère préalablement atteint du DFTD (Pearse et Swift, 2006). Une fois que les premières lésions causées par le DFTD apparaissent, les diables de Tasmanie meurent généralement dans les six mois suivants, en raison d'une défaillance des organes, d'infections secondaires ou encore de famine (Pyecroft et autres, 2007). Actuellement, 70 % de la superficie du territoire de la Tasmanie est affectée par le DFTD (Australia Zoo, s. d.). Toutefois, la partie occidentale de l'île reste encore sans trace de cette maladie, ce qui est assurément un résultat des efforts de protection en cours dans toute la Tasmanie (Australia Zoo, s. d.).

Malgré cet énorme déclin, les Australiens n'ont pas baissé les bras et ont mis en place des programmes pour tenter de sauver ces animaux. Plusieurs campagnes ont été instaurées par différents groupes et programmes dont : *DevilArk, Save the Tasmanian Devil Program* et *Devil Island Project.*

DevilArk se définit comme un organisme de bienfaisance où tous les dons reçus sont utilisés pour soutenir les diables de Tasmanie en investissant, entre autres, dans la nourriture, les contrôles de santé, les traitements préventifs, les équipements requis pour le bien-être des animaux en captivité ou encore les clôtures adaptées au comportement de cet animal particulier (DevilArk, s. d.a). Le programme *Save the Tasmanian Devil Program* est une initiative des gouvernements australiens et de la Tasmanie, qui sont devenus partenaires pour enquêter sur le DFTD et tenter d'identifier les options de gestion liées à cette situation (*Save the Tasmanian Devil Program*, 2008). Quant au *Devil Island Project*, il s'agit d'un groupe qui travaille en collaboration avec le programme *Save the Tasmanian Devil Program* afin d'établir des installations qui sécurisent les populations de diables de Tasmanie qui sont exemptes du DFTD, tout en leur permettant de vivre dans leur habitat naturel et dans des conditions optimales de bien-être (*Devil Island Project*, s. d.).

Avec des slogans tels que «*Extinction is not an option* », « *Don't let them disappear forever* », « *Giving hope to the Tasmanian Devil* » et « *Together we are saving the Tasmanian devil* » pouvant être traduits par « L'extinction n'est pas une option », « Ne les laisser pas disparaitre pour toujours », « Donner de l'espoir aux diables de Tasmanie » et « Ensemble, nous sauvons le diable de Tasmanie », l'axe utilisé par ces programmes pour convaincre la population de leur venir en aide est assez évident.

Pour faciliter la collecte de dons chez *DevilArk*, plusieurs manières originales de donner de l'argent sont proposées en ligne. À titre d'exemple, il est possible de s'abonner à différents forfaits qui incluent un montant fixe par mois, permettant à l'organisme de poser différentes actions ayant plus ou moins d'impact selon la valeur du forfait choisi. Aussi, le site propose des cartes-cadeaux qui correspondent à la valeur d'un jouet, de la nourriture pour un mois pour un adulte ou un jeune, des dispositions pour le transport ou encore des traitements préventifs. L'activité « *Feed a Devil day* », qui amasse des dons à coup de 2,00$, soit le montant nécessaire pour nourrir un diable de Tasmanie chaque jour, propose des activités dans les écoles ou dans un milieu de travail. (DevilArk, s. d.b)

L'initiative de *DevilArk* a permis d'élever en captivité plusieurs jeunes diables de Tasmanie. En 2012, *DevilArk* a permis d'assister la naissance de quarante petits, ce qui est un remarquable succès. D'ici 2016, l'organisme prévoit avoir 360 petits à s'occuper (DevilArk, 2012). Même si le diable de Tasmanie n'est pas encore tiré d'affaire, des recherches se poursuivent dans l'espoir de trouver un remède ou un vaccin pour éradiquer le DFTD (DevilArk, 2015). Grâce aux dons et au soutien de la population, il semblerait qu'il y ait encore de l'espoir pour ces animaux (DevilArk, 2012).

La stratégie a été, dans ce cas-ci, de miser sur l'urgence d'agir pour sauver ces animaux qui sont atteints par une forme de cancer particulièrement virulente et de miser sur un sentiment de pitié face à l'aspect particulièrement cruel de la forme de cancer auquel les diables de Tasmanie sont confrontés. Malgré l'aspect repoussant du diable de Tasmanie, ce dernier a tout de même réussi à obtenir l'appui de la population australienne pour sa sauvegarde, ce qui en fait un très bon exemple de ce qu'il est possible de faire pour protéger une espèce non charismatique en danger. Par ailleurs, il est intéressant de noter que cette situation comporte certaines similitudes avec les impacts du SMB sur les populations de chauves-souris, dans le sens qu'il s'agit d'une maladie dévastatrice dont aucun remède définitif n'a encore été mis au point et que ce sont des effets indirects qui causeraient la mort des animaux atteints.

En somme, chacune de ces situations démontre qu'il est possible d'obtenir l'appui du public pour aider n'importe quel type d'animal, même s'il est non charismatique. Ainsi, il semblerait que les chauves-souris du Québec ont le potentiel d'obtenir le soutien dont elles ont besoin pour assurer la mise en place de mesures de rétablissement et de maintien de leurs populations. Il suffit donc de trouver les bons moyens pour arriver à augmenter la popularité de cet animal auprès des Québécois et ainsi atteindre le niveau d'acceptabilité sociale nécessaire pour la réussite d'une telle initiative. Des outils de communication tels que la sensibilisation, l'éducation et le marketing social sont assurément utiles pour y parvenir.

5. INVENTAIRES DES STRATÉGIES VISANT LE RÉTABLISSEMENT ET LE MAINTIEN DES POPULATIONS DE CHAUVES-SOURIS

Au cours des chapitres précédents, la situation actuelle des chauves-souris du Québec a été détaillée, en présentant le portrait des espèces, les raisons de leur déclin et les impacts que ce déclin pouvait engendrer sur les facettes sociales, économiques et environnementales des sociétés. À la lumière de ces informations, il est possible de proposer plusieurs stratégies pouvant contribuer à rétablir et, ou, maintenir les populations de chauves-souris du Québec. Toutefois, la plupart de ces stratégies ne pourraient être mises en place de manière efficace sans qu'un travail de communication soit fait pour obtenir l'appui des citoyens.

Ce chapitre présente les principales stratégies envisageables en lien avec les différentes raisons du déclin préalablement abordées, regroupées en trois grandes orientations. Une quatrième orientation est associée à des stratégies visant l'appui du public, puisque ce contexte-ci nécessite une attention particulière à ce niveau. Ces dernières stratégies sont intimement reliées à toutes les autres puisqu'elles contribuent au succès de leur mise en place.

Au Québec, plusieurs plans de rétablissements ont été rédigés pour différentes espèces en danger. Ces plans proposent de nombreuses mesures et actions qui sont transférables au cas des chauves-souris. Ce chapitre s'est donc inspiré de quelques-uns d'entre eux pour proposer certaines stratégies applicables aux chauves-souris.

Au total, trente-quatre stratégies différentes peuvent être mises en place. Il y a neuf stratégies visant la diminution des effets du syndrome du museau blanc, cinq pour contrer la perte d'habitat, treize concernant les activités humaines et sept ciblant l'appui du public. À noter que certaines stratégies englobent différentes mesures de conservation, c'est-à-dire, des actions plus simples qui contribuent au succès de la stratégie concernée.

5.1. Stratégies visant la diminution des effets du syndrome du museau blanc

Le SMB est un fléau particulièrement dévastateur pour plusieurs espèces de chauves-souris du Québec. Malheureusement, comme ce syndrome est relativement nouveau et que les chercheurs commencent à peine à comprendre son fonctionnement et ses effets sur les chauves-souris, aucune solution complètement efficace n'a été mise au point à ce jour (Foley et autres, 2011). Néanmoins, certaines avenues semblent prometteuses pour diminuer les effets dévastateurs du SMB sur les chauves-souris.

Idéalement, il faudrait trouver le moyen d'éradiquer complètement le SMB. Comme cela n'est pas encore chose faite, un incontournable dans ce domaine demeure la poursuite de l'acquisition de connaissances scientifiques fondamentales dans l'espoir de trouver un remède à ce syndrome dévastateur. Entre temps, plusieurs autres stratégies sont envisageables pour tenter de réduire l'impact du SMB sur les chauves-souris. Évaluer la possibilité d'utiliser un traitement pour les individus déjà atteints, augmenter la résistance des chauves-souris au syndrome, diminuer l'impact de la maladie sur la chauve-souris en installant des refuges thermiques dans les hibernacles ou en fournissant de la nourriture durant l'hibernation, éliminer *G. destructans* des hibernacles en utilisant un fongicide sur les parois des cavernes ou en modifiant les conditions abiotiques des hibernacles, éliminer les chauves-souris atteintes ainsi que contrôler la propagation anthropique du SMB sont toutes des stratégies qui pourraient être intéressantes. Cette section présente chacune d'entre elles, en expliquant son fonctionnement et la manière dont elle pourrait avoir un impact sur le SMB.

5.1.1. Poursuivre les recherches fondamentales sur le SMB

Les recherches pour trouver un remède au SMB peuvent s'orienter vers différentes avenues. L'acquisition de nouvelles notions devrait être concentrée sur certains domaines précis. D'abord, il est nécessaire d'en apprendre plus sur l'écologie du SMB, car à ce jour, il n'est pas certain que *G. destructans* soit le seul pathogène impliqué. Aussi, la manière dont ce champignon entraine la mort des chauves-souris n'est pas encore totalement comprise. Les moyens de transmission et de propagation sont également mal compris. Fait intéressant, *G. destructans* est la seule espèce connue de son genre qui infecte les tissus vivants de la peau d'un animal. Les autres champignons du genre *Geomyces* sont tous saprophytiques et ne s'attaquent qu'à de la matière organique morte. Néanmoins, les chercheurs ne savent pas encore ce qui a permis à *G. destructans* de se différencier si drastiquement des autres champignons de son genre pour réussir à infecter les chauves-souris vivantes. De plus, le temps de séjour du champignon en Amérique du Nord et le temps de survie du champignon au sein de son hôte sont méconnus. La résolution de toutes ces énigmes sera très utile pour orienter les chercheurs dans leurs recherches vers un remède définitif au SMB. (Foley et autres, 2011)

Également, il existe encore trop peu d'informations sur les chauves-souris elles-mêmes. La localisation des habitats et des hibernacles, ainsi que le détail des mouvements migratoires des individus, sont encore très flous pour plusieurs espèces. Les comportements d'alimentation et de sélection d'habitats, les taux de reproduction, la distance des déplacements de nuit, saisonniers et annuels, ainsi que la taille des populations, sont aussi peu documentés pour la plupart des espèces. Aussi, le manque de données de suivi à long terme sur l'abondance des chauves-souris est problématique. Comme il en a été question précédemment, réussir de tels suivis n'est pas une tâche facile, mais cela permettrait de collecter des informations cruciales sur les espèces vulnérables, ainsi que de valider si les mesures prises pour tenter de réduire la mortalité des populations ont été efficaces ou non. Les suivis sont essentiels pour assurer l'efficacité d'une ou l'autre des stratégies de conservation, car ils peuvent orienter les chercheurs vers d'autres avenues mieux adaptées si les premières s'avèrent inefficaces. (Foley et autres, 2011)

5.1.2. Traiter les individus atteints

Traiter les chauves-souris atteintes pourrait prévenir leur mort et réduire l'incidence du champignon. Les options de traitement incluent surtout des fongicides, biologiques ou chimiques. L'avantage de cette stratégie est qu'il est de plus en plus admis qu'elle a le potentiel de fonctionner. En effet, il semblerait que *G. destructans* soit sensible à un traitement in vitro, suite à des expériences en milieux fermés et contrôlés (Foley et autres, 2011). Aussi, de récentes avancées dans ce domaine ont permis de démontrer qu'il existe certaines bactéries capables d'inhiber fortement la croissance du champignon lors de manipulations en laboratoire (Hoyt et autres, 2015).

Les chercheurs sont actuellement au stade d'effectuer des tests pour vérifier l'efficacité d'un tel traitement sur les chauves-souris affectées (Hoyt et autres, 2015). La prochaine étape est de tester ce type de stratégie sur le terrain, donc sur des spécimens en liberté, afin de vérifier la possibilité d'utiliser cette méthode en nature.

Néanmoins, même si les chercheurs arrivent à trouver un traitement intéressant, ils n'ont pas encore trouvé de moyens efficaces pour l'administrer aux chauves-souris. D'abord, ni l'utilisation de médicaments, ni aucun mécanisme de livraison du traitement n'ont été prouvés comme étant sûrs pour les chauves-souris. De plus, il est fort probable qu'emplir les cavernes avec des fongicides gazeux se révèle nocif pour la flore microbienne présente sur place, ce qui en fait une méthode à proscrire. Ensuite, traiter individuellement les chauves-souris serait une tâche visiblement laborieuse à accomplir pour la plupart des colonies, à moins qu'elles ne soient formées que d'un très petit nombre d'individus. Aussi, il n'est pas possible, pour le moment, de savoir si la chauve-souris aurait besoin d'un traitement répété, ce qui pourrait grandement compliquer la tâche du traitement individuel. Toutefois, il pourrait être envisageable de capturer les chauves-souris lors de leur va-et-vient hors de leur hibernacle ou de leur nichoir pour leur administrer le traitement. Les chauves-souris touchées par le SMB pourraient aussi être traitées en captivité. (Foley et autres, 2011)

5.1.3. Augmenter la résistance des chauves-souris au SMB

Avant même de proposer des moyens concrets visant l'augmentation de la résistance des chauves-souris au SMB, il pourrait être utile de diminuer les facteurs pouvant causer une perte de cette dernière. En effet, plus les habitats naturels des chauves-souris sont disponibles en nombre suffisant et sont de qualité, ce qui inclut un minimum de toxines, des gîtes et un accès à une quantité substantielle de proies intéressantes, moins ces animaux vivent du stress, qui est une cause de baisse de résistance au SMB (Foley et autres, 2011).

Augmenter cette résistance constitue donc une stratégie très intéressante, car elle pourrait permettre d'interrompre la transmission du syndrome et ainsi freiner sa propagation à grande échelle. Un traitement préventif, tel que l'administration d'un traitement prophylactique ou d'un vaccin, serait possiblement efficace pour contrer les ravages du SMB, en attendant qu'une formule définitive pour l'éradiquer soit découverte. En présumant que le SMB se propage de chauve-souris en chauve-souris et qu'un traitement efficace soit trouvé, il serait possible de calculer la fraction de la population qui devrait être immunisée pour conduire à une réduction locale de la maladie, ce qui pourrait être très pratique. Cependant, il y a très peu d'information disponible à propos de l'immunité face au SMB ou de la possibilité que la chauve-souris devienne résistante après une exposition au champignon. (Foley et autres, 2011)

Malgré cela, cette stratégie reste pertinente et concevable, car il existe plusieurs cas de traitements servant à prévenir une maladie fongique ayant prouvé leur efficacité. Le premier exemple d'un tel traitement est celui lié à une maladie fongique qui s'attaque aux chênes, connue sous le nom de « Mort subite du chêne ». Cette maladie dévastatrice, causée par l'agent pathogène *Phytophthora ramorum*, peut être prévenue grâce à un traitement prophylactique de phosphore qui s'injecte directement dans l'arbre, l'immunisant contre une éventuelle invasion du champignon (Garbelotto et autres, 2007). Le deuxième exemple concerne encore une fois un arbre. Il s'agit de l'orme, qui peut être gravement atteint par deux champignons apparentés, *Ophiostoma ulmi* et *Ophiostoma novo-ulmi*, soit les agents pathogènes derrière la « Maladie hollandaise de l'orme » (Smalley et Guries, 1993). Un vaccin, dont l'efficacité a été prouvée à 99 %, permet de prévenir cette maladie lorsqu'il est injecté dans un orme encore sain (Van Wassenaer, et Bouchard-Nestor, s. d.). Un dernier exemple est lié à une infection fongique causée par *Trichophyton verrucosum*, un champignon qui fait des ravages dans les troupeaux de bovins. En Norvège, une campagne de vaccination, qui s'est échelonnée sur près de trente ans, a été une mesure de contrôle très efficace pour prévenir les épidémies; aujourd'hui, cette maladie y est pratiquement éradiquée (Lund et autres, 2014).

5.1.4. Diminuer l'impact du SMB sur les individus atteints

Il est possible de rendre les chauves-souris moins vulnérables aux effets engendrés par la présence du champignon sur leur corps. Comme il en a été question dans le deuxième chapitre, les chauves-souris ne décèdent pas directement de l'infection de *G. destructans*. C'est plutôt le fait que le champignon provoque une démangeaison chez l'animal, entrainant son réveil au milieu de son état de torpeur, qui est problématique. Ainsi, en prenant en considération que la cause de mortalité est plutôt une question de manque d'énergie, il est possible d'agir à deux niveaux. D'une part, en réduisant la quantité d'énergie nécessaire aux chauves-souris pour qu'elles puissent survivre à l'hibernation et, d'autre part, en conférant plus d'énergie aux chauves-souris, sous forme de nourriture, pendant leur hibernation (Boyles et Willis, 2010).

Il peut arriver qu'une chauve-souris hibernante saine se réveille au milieu de l'hiver, pour des raisons qui ne sont pas encore bien comprises. Certaines espèces peuvent même se déplacer en hiver pour se trouver un nouvel hibernacle répondant mieux à leurs besoins de température, d'humidité ou d'espace. Toutefois, ce type de réveil ne doit pas se reproduire à plusieurs reprises, être relativement court et, surtout, ne pas survenir dans une période de froid intense, sans quoi la chauve-souris peut en mourir. En effet, le réveil au milieu de l'hibernation nécessite un grand apport en énergie, car le métabolisme de l'animal reprend son rythme normal, beaucoup plus rapide que celui en état de torpeur. La chauve-souris peut se retrouver rapidement à court de réserves pour pallier ce soudain changement de rythme du métabolisme. En temps normal, lorsque la chauve-souris se réveille au printemps, elle se dépêche d'aller chasser pour refaire le plein d'énergie. En plein hiver, il n'y a pratiquement aucun insecte à chasser et ce réveil provoque un état de famine chez l'animal. De plus, la température ambiante étant très froide, la chauve-souris doit dépenser encore plus d'énergie pour tenter de se réchauffer. Ainsi, sa mince couche de graisse, nécessaire pour passer au travers d'un hiver entier en ayant un métabolisme au ralenti, est rapidement épuisée. (Boyles et Willis, 2010)

À la lumière de ces informations, il est raisonnable de concevoir que plus le milieu ambiant de l'hibernacle est chaud, moins la chauve-souris aura à dépenser de l'énergie si elle se réveille à cause du champignon. Un milieu plus chaud pourrait donc permettre à la chauve-souris de conserver suffisamment d'énergie pour retourner dans son état de torpeur, après s'être débarrassé du champignon en se léchant le pelage, et ainsi finir l'hiver sans se réveiller de nouveau. Au retour du printemps, la chauve-souris aurait perdu moins d'énergie et serait suffisamment en forme pour se remettre à chasser afin de refaire le plein d'énergie et ce, bien qu'elle soit atteinte du SMB. (Boyles et Willis, 2010)

Or, parvenir à cette fin n'est pas si simple. Réchauffer un hibernacle nécessite une grande précaution et pourrait ne pas être une solution efficace pour plusieurs espèces. Les chauves-souris dotées de relativement petites réserves, ce qui inclut pratiquement toutes les espèces touchées plus gravement par le SMB, requièrent habituellement des hibernacles avec des températures ambiantes les plus froides possible, soit celles situées entre 2°C et 8°C. En effet, plus un hibernacle est froid, plus la chauve-souris peut entrer dans un état de torpeur profond, ce qui lui permet de conserver un maximum d'énergie.

Néanmoins, il est possible de considérer une stratégie très intéressante : celle des refuges thermiques. Cette stratégie consiste à réchauffer quelques endroits dans l'hibernacle sans que ce soit le lieu entier qui soit réchauffé. Ainsi, advenant le cas où une chauve-souris se réveillerait à cause du SMB, elle pourrait se déplacer dans les refuges thermiques le temps de se débarrasser du champignon qui lui irrite la peau. La perte d'énergie liée au froid serait minimisée sans altérer les conditions optimales de l'hibernacle entier. (Boyles et Willis, 2010)

Pour réchauffer des parties de l'hibernacle, des équipements simples pourraient être utilisés. De petites unités chauffantes pourraient être installées au niveau de la voûte des cavernes, dans des crevasses ou des dômes. Ces structures sont particulièrement intéressantes, car elles captent naturellement la chaleur métabolique disponible dans la caverne. Sinon, il serait envisageable d'avoir recours à de petites boîtes, semblables aux nichoirs artificiels qui sont déjà couramment utilisés par plusieurs espèces de chauves-souris, et dotées de calorifères. Bien sûr, il serait essentiel de munir ces calorifères de thermostats afin d'éviter d'atteindre une température excédentaire à la température critique nécessaire à la viabilité de l'ensemble de l'hibernacle. Aussi, il est important de ne pas négliger que les hibernacles sont des endroits très humides, souvent dotés de flaques d'eau et où la condensation est typiquement élevée. Cette disponibilité de l'eau est essentielle à la survie des chauves-souris et il faudrait s'assurer que les unités de réchauffement ne perturbent pas cette caractéristique. L'efficacité de cette technique en termes d'augmentation de la survie des chauves-souris atteintes du SMB pourrait être facilement calculable. Il suffirait de comparer des hibernacles non modifiés, où la présence du SMB a été confirmée, à ceux dotés d'unités chauffantes, en estimant ou en mesurant directement le taux de survie des chauves-souris suivant une période d'hibernation. En somme, cette stratégie a le potentiel d'être une manière logistiquement simple de réduire la mortalité chez les espèces de chauves-souris qui sont susceptibles au SMB, en attendant que des solutions à long terme soient trouvées. (Boyles et Willis, 2010)

Aussi, il semblerait que les chauves-souris sont plus propices à être envahies par le champignon lorsqu'elles vivent un stress, tel que celui lié à la perte de leurs habitats ou encore lié aux activités humaines (Jones et autres, 2009). Donc, agir à ce niveau pourrait contribuer à diminuer l'impact du SMB. Ainsi, les différentes stratégies proposées dans les sections suivantes pour conserver les habitats des chauves-souris et pour atténuer les impacts des activités anthropiques pourraient avoir une incidence positive sur le combat contre le SMB.

Un autre moyen d'augmenter les chances de survie des chauves-souris atteintes par le SMB est de leur fournir des apports supplémentaires en nourriture durant leur hibernation, afin qu'elles puissent absorber de l'énergie pour compenser les pertes encourues par le réveil.

Comme il n'est pas naturel pour plusieurs espèces de chauve-souris hibernantes de se nourrir en plein hiver, cette stratégie peut être très complexe. D'un côté, fournir des insectes morts ou tout autre aliment du genre pourrait entrer en conflit avec leurs comportements de chasse qui ne sont pas nécessairement adaptés pour de nouvelles sources de nourritures. D'un autre côté, en considérant que toutes les espèces concernées au Québec sont insectivores, il est difficilement concevable que ces dernières soient portées à aller se nourrir sur les sources de nourriture disponibles en nature durant la période hivernale. En plus, il serait surprenant que leur physiologie intestinale arrive à s'ajuster à ce type de nourriture et ces chauves-souris n'ont tout simplement pas les comportements adaptés pour tenter de manger autre chose que des insectes. (Foley et autres, 2011)

5.1.5. Éliminer *G. destructans* des hibernacles

Éliminer *G. destructans* des hibernacles aurait un effet immédiat et efficace, considérant qu'il est, jusqu'à présent, identifié comme la cause principale de ce syndrome. Toutefois, de nombreux obstacles rendent cette stratégie difficilement concevable. Comme il en a été question dans la section du traitement des individus atteints, disperser des produits dans toute une caverne pour décimer le champignon aurait très certainement des impacts

102

néfastes sur les microorganismes présents et essentiels à ce type d'écosystème, ce qui n'est pas souhaitable. De plus, il est possible que ces organismes soient déjà en compétition avec ce champignon ou arrivent à limiter naturellement sa transmission. Même en considérant le cas où le produit utilisé n'aurait pas d'impacts nuisibles significatifs sur la microfaune, une telle application demeure une stratégie ardue. En effet, la plupart des cavernes utilisées par les chauves-souris ont un très grand volume interne et sont dotées de structures complexes qui pourraient rendre le recouvrement complet très difficile. Également, s'il advient que la transmission du champignon se fait surtout entre chauves-souris, et non entre les parois rocheuses et l'animal, un traitement antifongique appliqué directement sur les parois s'avérait peu efficace. Par contre, si le traitement utilisé est appliqué à la fois sur les chauves-souris et les parois, il pourrait être tout de même efficient. (Foley et autres, 2011)

Une autre stratégie possible serait de changer l'habitat des chauves-souris en créant ou en modifiant les hibernacles de sorte qu'ils deviennent moins propices au développement et à la transmission du champignon. Concrètement, *G. destructans* croît entre 3°C et 15°C et à une humidité relative excédant 90 % (Foley et autres, 2011). En étudiant la palette de températures et d'humidité qui est tolérable aux différentes espèces chauves-souris, mais qui pourrait nuire au champignon, il serait possible de modifier les hibernacles en conséquence. Néanmoins, cette palette est très étroite. Heureusement, deux espèces de chauves-souris québécoises répondent à ces critères. Premièrement, la petite chauve-souris brune arrive à hiberner entre 1°C et 5°C, avec une humidité relative variant entre 70 % et 95 % (Naughton, 2012). Deuxièmement, la chauve-souris pygmée de l'Est peut hiberner à des températures allant jusqu'à -9°C et avec une

103

humidité relative plus basse que la plupart des chauves-souris (Naughton, 2012). Ces chauves-souris pourraient donc survivre durant leur hibernation à des conditions plus froides et moins humides que celles qui sont idéales au champignon, ce qui pourrait les protéger contre le SMB.

5.1.6. Éliminer les chauves-souris atteintes

Éliminer les chauves-souris ou les colonies entières atteintes par le SMB est une avenue envisageable pour tenter d'éradiquer le syndrome et protéger les chauves-souris saines. Cette stratégie peut paraitre viable si elle a le potentiel de réduire la charge pathogène présente dans l'environnement, diminuant ainsi l'incidence du SMB au sein des populations de chauves-souris et réduisant la probabilité de transmission du syndrome à d'autres populations. Il est primordial que certains éléments soient présents pour que l'éradication soit efficace : l'agent pathogène ne doit pas provenir d'objets passifs, comme la paroi rocheuse des cavernes, les cas doivent être diagnostiqués à coup sûr, la proportion des individus affectés éliminés doit être suffisamment élevée et, enfin, la population restante des individus sains doit être isolée pour éviter la propagation et la réintroduction du champignon. (Foley et autres, 2011)

5.1.7. Contrôler la propagation anthropique du SMB

Même s'il est fort probable que le SMB se propage surtout de chauve-souris en chauve-souris, il est important de prévenir la propagation anthropique du champignon de caverne en caverne, car le champignon pourrait également se disséminer de cette façon. Il s'agit d'ailleurs de l'hypothèse la plus probable de l'arrivée du champignon en Amérique, depuis l'Europe (Foley et autres, 2011). Cette stratégie permettrait de ralentir la propagation du champignon si la caverne visitée en contient ou, s'il s'agit d'une caverne qui n'a pas encore été en contact avec le syndrome, cela pourrait permettre d'éviter d'y introduire le syndrome.

Les spéléologues, étant les principaux intéressés, devraient être particulièrement attentifs à leur comportement. Dans cette veine, il est de plus en plus courant de retrouver des codes de bonnes pratiques pour les spéléologues et des mesures de protection légales des cavernes dans certains pays. D'ailleurs, les chauves-souris font souvent partie de documents de conservation des cavernes et différentes organisations de spéléologie participent régulièrement à des projets de recherches et des expéditions de conservation (Altringham, 2011). Aux États-Unis, la *National Speleological Society* (NSS) a mis en place une fondation pour ramasser des dons afin de soutenir la recherche sur le SMB et elle prend des mesures concrètes pour tenter de limiter la propagation de la maladie par les spéléologues, en divulguant de nouveaux codes de pratiques, en fermant l'accès à des grottes et en publiant du contenu éducatif (NSS, 2015). Au Québec, la Société québécoise de spéléologie (SQS) a également collaboré à une étude sur le SMB et est sensible à ce fléau (SQS, 2014). Les chercheurs qui étudient les chauves-souris doivent également faire preuve de précaution en désinfectant leur matériel pour éviter la propagation du champignon à des individus sains, issus ou non de la même espèce (Foley et autres, 2011). Dans cette veine, le MRNF a publié un recueil des mesures de biosécurité et de décontamination applicables aux visites de cavernes pour prévenir la transmission du SMB (Québec. MRNF, 2010). Des lois ou des directives claires pourraient être mises en place pour obliger les gens concernés de respecter les bonnes pratiques qui sont détaillées dans ce recueil. Aussi, il pourrait être pertinent

105

d'investir dans un programme permanent de surveillance des hibernacles, des maternités ou des nichoirs où il y a présence possible du SMB et d'interdire l'accès à ces endroits au grand public ou, minimalement, que des dispositions soient prises pour assurer la désinfection de l'équipement et des vêtements utilisés sur place. (Foley et autres, 2011)

5.2. Stratégies visant la conservation d'habitats propices aux chauves-souris

Bien que la perte d'habitats affecte toutes les espèces de chauves-souris, cette menace est particulièrement dramatique pour les espèces arboricoles qui ont davantage de difficulté à se trouver des gîtes alternatifs. La grande cause derrière la perte et la fragmentation des habitats est l'exploitation des milieux naturels par l'humain, que ce soit pour quérir des ressources ou pour utiliser des terres pour y bâtir différentes infrastructures à des fins industrielles, commerciales, résidentielles ou de transport routier ou d'énergie.

Cette section traite des moyens visant à limiter les impacts de la déforestation, de l'agriculture et de l'urbanisation sur les chauves-souris. Pour ce faire, il est possible d'optimiser l'aménagement forestier et celui du paysage agricole, de protéger les diverses infrastructures humaines habitables par les chauves-souris, d'aménager des nichoirs artificiels et de créer des aires protégées.

5.2.1. Optimiser l'aménagement forestier

Selon certains chercheurs, la meilleure stratégie d'aménagement pour les chauves-souris arboricoles doit intégrer un entremêlement de coupes totales, d'éclaircies et de fragments de forêts intactes. Cela permet de répondre aux divers besoins des chauves-souris qui nécessitent différentes composantes de la forêt. En effet, il est possible qu'une chauve-souris utilise une certaine partie de la forêt pour chasser, comme une clairière, et qu'elle utilise une partie différente pour dormir et se reposer, comme un secteur plus dense lui permettant de se cacher de ses prédateurs. Idéalement, il faudrait que l'aménagement forestier d'un site soit effectué en fonction des espèces de chauves-souris présentes, car elles ont toutes des préférences spécifiques. La petite chauve-souris brune préfère se nourrir en bordure d'une coupe forestière, alors que la chauve-souris nordique préfère les forêts intactes pour s'alimenter. À défaut de bien connaitre les espèces se retrouvant dans un secteur donné, une solution simple serait de s'assurer que les forêts sont aménagées selon différents types de coupes qui peuvent satisfaire toutes les espèces de chauves-souris susceptibles d'être présentes dans la région concernée. (Patriquin et Barclay, 2003)

5.2.2. Optimiser l'aménagement du paysage agricole

Une stratégie pertinente pour limiter la perte d'habitat des chauves-souris en milieux agricoles est de planifier, dans les programmes agro-environnementaux, la gestion de ces milieux à plusieurs échelles. Concrètement, trois mesures pourraient être prises dans ce secteur pour engendrer des répercussions positives sur les populations de chauves-souris. D'abord, promouvoir la création ou le maintien des allées et des parcelles boisées sur plusieurs kilomètres au sein des terres agricoles, ce qui permet de fournir des gîtes et des zones de déplacement sécuritaires aux chauves-souris. Puis maintenir des plans d'eau à proximité des espaces boisés, augmentant ainsi la qualité des habitats de chauves-souris. Enfin, accorder une attention particulière à la préservation des arbres matures dans toutes les parcelles boisées, conférant du même coup des milieux de choix pour les chauves-souris, car ces arbres sont prisés par la plupart des espèces de du Québec. (Kalda et autres, 2014)

5.2.3. Protéger les infrastructures humaines utilisées par les chauves-souris

L'utilisation des mines désaffectées par les chauves-souris ne date pas d'hier. Devant le peu de cavernes naturelles de bonne dimension disponible au Québec, les chauves-souris ont rapidement utilisé cette alternative artificielle pour hiberner (Québec. Ministère de l'Environnement et de la Faune (MEF), 1996). Or, la *Loi sur les mines* stipule que toutes les ouvertures d'une mine abandonnée doivent être bloquées pour des raisons de sécurité. À cet effet, l'article 99 du *Règlement sur les substances minérales autres que le pétrole, le gaz naturel et la saumure* (RSM), issu de cette loi, précise qu'il est possible d'y arriver au moyen de remblais de pierre, de sable, de gravier ou de dalles de béton armé. Heureusement pour les chiroptères, il y est précisé qu'il est possible de laisser une ouverture munie d'une grille afin de permettre aux chauves-souris d'avoir un libre accès à la mine (RSM). Cette précision est très intéressante, car elle confère une certaine importance à la protection des chauves-souris. En 1994, le *Programme de protection des hibernacula de chauves-souris du Québec* a été créé dans le but de protéger les hibernacles de chauves-souris. Depuis, une quinzaine de mines abandonnées ont été aménagées pour permettre aux chauves-souris d'y résider (Québec. MFFP, 2014). Or, en considérant qu'en 1999, soit quatre ans après la création du programme, celui-ci avait permis l'aménagement de neuf mines (Jutras, 1999), il est dommage de constater que quinze ans plus tard, il n'y a que quelques mines qui se sont ajoutées à ce nombre. Force est de croire que cette pratique n'est pas assez courante. Sur près de 700 sites miniers abandonnés au Québec (Québec. Ministère des Ressources naturelles (MRN), 2013), il est fort probable qu'un nombre intéressant d'hibernacles pourraient être protégés. Une directive claire pourrait être élaborée à ce propos pour évaluer systématiquement le potentiel d'une mine abandonnée à servir d'hibernacle. Dans tous les cas où le site serait potentiellement intéressant pour les chauves-souris, il faudrait obliger la mise en place d'une grille, comme il est proposé dans le RSM.

Outre les mines, plusieurs autres bâtiments peuvent être utilisés par les chauves-souris comme lieux de maternité, de nichoirs ou d'hibernacles. De vieux chalets abandonnés ou des granges en décrépitude pourraient être conservés au lieu de les détruire, surtout lorsqu'ils ne gênent pas le paysage environnant (Desrosiers, 2015).

5.2.4. Installer des nichoirs artificiels

Les nichoirs artificiels représentent une solution très intéressante pour pallier la perte d'habitat des chauves-souris, du moins pour leurs gîtes ou nichoirs. L'utilisation de nichoirs artificiels n'est pas récente. Au début du 20e siècle, la ville de San Antonio au Texas avait déjà installé un énorme nichoir dans l'objectif d'obtenir un contrôle des moustiques et une production de guano. Ces structures peuvent être de formes et de tailles très variables. Elles peuvent donc accommoder différentes espèces de chauve-souris, car certaines nichent seules alors que d'autres nichent en très grandes colonies. Les nichoirs les plus simples peuvent être formés de petites boîtes en bois (figure 5.1) ou encore de feuilles de métal ondulées attachées autour d'un arbre (figure 5.2). À l'opposé, les nichoirs les plus élaborés peuvent devenir de véritables maisons à chauves-souris (figure 5.3) pouvant servir d'hibernacle pour des colonies complètes. (Altringham, 2011)

Figure 5.1 : Modèle de nichoir « Boîte en bois » (tiré de Tuttle et autres, 2013, p. 18)

Figure 5.2 : Modèle de métal « Feuille de métal ondulée » (tiré de : Tuttle et autres, 2013, p. 28)

Figure 5.3 : Modèle de nichoir « Maison à chauves-souris » (tiré de : Tuttle et autres, 2013, p. 5)

Dans certains cas, les nichoirs semblent avoir un très bon succès auprès des chauves-souris, alors que dans d'autres circonstances, il en va tout autrement. Il est également difficile de quantifier les résultats puisqu'il y a peu de suivis des populations de chauves-souris. Néanmoins, même pour les nichoirs qui affichent un faible taux d'occupation, cette stratégie peut avoir des effets très positifs sur l'acceptabilité sociale d'un projet de conservation de chauves-souris. En effet, l'installation de nichoirs peut faire partie d'un programme éducatif qui informe les gens sur les chauves-souris et peut représenter une excellente manière d'impliquer le public dans le projet. Au Royaume-Uni, la *Forestry Commission* a contribué à installer de nombreux petits nichoirs attachés à des arbres forestiers et ce, depuis plusieurs décennies. Dans cette même veine, l'organisme américain BCI a également créer un programme de mise en place de nichoirs et publie régulièrement des bulletins d'information à ce propos depuis plus de dix ans. (Altringham, 2011)

D'ailleurs, l'organisme BCI a publié un manuel très pratique, à jour, complet et disponible gratuitement sur leur site Internet, traitant des nichoirs à chauves-souris. Ce manuel propose différents modèles de nichoirs et explique en détail comment s'y prendre pour les construire. Des conseils et des réponses aux questions fréquentes liées aux nichoirs y sont présentés pour faciliter la construction de ces structures et pour aider la personne intéressée dans son choix de modèles. (Tuttle et autres, 2013)

5.2.5. Créer des aires protégées

La création d'aires protégées est probablement la meilleure stratégie pour s'assurer de conserver des habitats. Ces aires sont habituellement mises en place pour protéger tout un milieu : la présence de chauves-souris pourrait donc agir à titre d'argument pour sélectionner un endroit à protéger plus qu'un autre. Il est toutefois intéressant de noter qu'au Québec, il existe plusieurs catégories d'aires protégées. La catégorie IV représente les aires gérées pour l'habitat et les espèces. Cette catégorie vise, entre autres, à maintenir des habitats ou à satisfaire les exigences d'espèces particulières. Il pourrait être intéressant d'obtenir une telle catégorie pour la chauve-souris, surtout si certaines espèces obtiennent le statut d'espèce vulnérable ou menacée par la LEMV. (Québec. MDDELCC, s. d.a)

Pour convenir le plus possible aux chauves-souris, les aires protégées devraient détenir des caractéristiques qui leur sont vitales, soit renfermer plusieurs points d'eau, être dotées d'un aménagement forestier favorisant leur prospérité et contenir des gîtes de qualité. Lorsqu'une caverne ou un site en particulier est connu comme étant un hibernacle ou un site de maternité, il serait judicieux d'utiliser ces particularités à titre d'argument dans la sélection des aires à protéger. De meilleurs suivis des populations de chauves-souris du Québec sont de mises pour déterminer quels seraient ces endroits spécifiques.

5.3. Stratégies visant l'atténuation des impacts des activités humaines

Les activités humaines affectant les chauves-souris peuvent se diviser en cinq catégories distinctes, soit celles liées aux pesticides, aux éoliennes, aux routes, aux installations lumineuses, ainsi qu'à la spéléologie et aux autres activités touristiques impliquant des chauves-souris ou leurs milieux. Dans le chapitre concernant les raisons du déclin des chauves-souris, chacune d'entre elles a été définie en expliquant l'ampleur de la menace qu'elle représente pour ces animaux. Heureusement, il est possible d'agir à différents niveaux pour éradiquer ou diminuer ces impacts indésirables. Cette section expose les différentes stratégies envisageables pour contrer les effets néfastes engendrés par ces différentes activités anthropiques.

5.3.1. Diminuer l'utilisation et la propagation des pesticides

En plus d'être nocive pour l'environnement et la santé humaine, l'utilisation de pesticides représente une véritable menace pour les chauves-souris. Idéalement, il faudrait que ce type de produits soient entièrement interdits par la loi. Or, il est difficilement concevable que les cultures d'aujourd'hui obtiennent un rendement rentable pour l'agriculteur sans utiliser de moyens chimiques pour éliminer les insectes ravageurs ou supprimer les plantes indésirables qui entrent en compétition avec la culture convoitée. Les pesticides sont donc là pour rester.

En principe, un des meilleurs moyens pour diminuer l'impact des pesticides sur les chauves-souris serait de resserrer les lois et les règlementations entourant ces produits afin d'en diminuer l'application, la concentration ou la toxicité. En attendant que cela se produise, certaines mesures peuvent être prises pour réduire l'impact de ces produits sur les chauves-souris et leurs habitats.

Encourager l'agriculture biologique en lui conférant plus de subventions pourrait être une stratégie intéressante. L'agriculture biologique ne signifie pas de proscrire tout pesticide : elle exclut seulement les pesticides de synthèse, souvent beaucoup plus nocifs et dangereux que d'autres produits plus naturels. Pour chaque ferme qui effectue un virage biologique, c'est une quantité substantielle de pesticides de synthèse qui ne se retrouve pas dans l'environnement. (Centre d'expertise et de transfert en agriculture biologique et de proximité (CETAB+), s. d.)

Une meilleure gestion de l'utilisation de pesticides en culture pourrait également contribuer à diminuer l'apport de pesticides dans les milieux naturels. Éviter d'épandre des pesticides lorsque des précipitations sont prévues est une mesure logique qui peut avoir un impact significatif sur la quantité de ces produits se retrouvant dans les milieux naturels. En effet, l'eau qui ruisselle peut entrainer une grande quantité de ces produits avec elle. Également, mieux doser les quantités de produits utilisés est une autre mesure intelligente de réduire la quantité de pesticides. Il est facile d'imaginer que les compagnies qui produisent ou vendent des pesticides suggèrent une utilisation excédentaire de leurs produits afin d'en vendre davantage. Dans cette même veine, l'agriculture de précision est une mesure innovatrice qui utilise la technologie, en particulier des outils à référence spatiale, pour doser au minimum l'épandage de pesticides et d'engrais en champs (Tremblay et autres, 2013). Elle inclut l'utilisation de drones ou de capteurs optiques qui arrivent à cibler précisément les parcelles qui ont besoin de ces produits, et en quelles quantités (Zhang et Kovacs, 2012). Cela permet aux agriculteurs de réduire leurs dépenses d'argent et, par le fait même, de minimiser l'impact de ces produits sur l'environnement.

Dans le milieu résidentiel, il est possible de réduire à néant l'utilisation de pesticides en prônant l'entretien écologique de la pelouse. En principe, il faudrait que les mentalités changent pour redéfinir ce que doit être une pelouse idéale, soit autre chose qu'un tapis vert digne d'un terrain de golf qui nécessite un apport important de pesticides pour son entretien. En considérant les caractéristiques principales de ce que les gens recherchent chez une pelouse, soit le fait d'être verte et douce, il est possible de promouvoir malgré tout une pelouse riche en biodiversité et qui, de surcroît, résiste mieux aux maladies et aux plantes indésirables envahissantes. Ainsi, en sélectionnant une variété de plantes pour garnir le sol, dont le trèfle, au lieu de n'avoir recours qu'à une seule espèce de gazon, il est possible de faire compétition aux mauvaises herbes et ainsi éviter l'utilisation de produits chimiques pour s'en débarrasser. (Lévesque, 2014)

Même dans le cas où la quantité de pesticides utilisés diminuerait, il y en aura toujours une certaine partie qui pourrait aboutir dans l'environnement et ainsi affecter les chauves-souris. Pour pallier ce problème, il est possible d'avoir recours à une mesure permettant d'intercepter les pesticides avant qu'ils ne se dispersent dans les milieux naturels. Ainsi, la végétation des bandes riveraines permet de capter les pesticides transportés par l'eau de ruissellement et ainsi diminuer la quantité de toxines qui se retrouvent dans les cours d'eau (Gagnon et Gangbazo, 2007). Pour cette raison, revégétaliser la bande riveraine naturelle est une stratégie intéressante pour empêcher les pesticides excédentaires de contaminer l'environnement et, au final, menacer les chauves-souris. Promouvoir la revégétalisation des bandes riveraines, tant dans le secteur de l'agriculture que dans celui résidentiel, est une stratégie qui pourrait avoir des impacts bénéfiques significatifs sur la quantité de pesticides qui se retrouve dans les cours d'eau. Selon la *Politique de protection des rives, du littoral et des plaines inondables*, une bande riveraine devrait avoir une largeur minimale de dix mètres pour assurer une protection optimale des cours d'eau. Comme la politique ne propose qu'un cadre normatif minimal (Québec. MDDELCC, 2014) et qu'il est du devoir des municipalités d'établir des règlements à ce propos, il pourrait être intéressant de mettre en place des mesures pour que ce cadre soit davantage appliqué, et de façon plus stricte.

5.3.2. Optimiser l'installation et le fonctionnement des éoliennes

Les éoliennes représentent une réelle menace pour les chauves-souris, particulièrement pour les espèces migratrices qui effectuent de grands déplacements, car elles sont beaucoup plus à risque d'entrer en contact avec ces dernières. Cette situation est plutôt délicate, puisque ce type d'infrastructures est généralement considéré comme étant un moyen de produire de l'énergie verte, soit une énergie dite « renouvelable » qui engendre moins d'impacts néfastes sur l'environnement que bien d'autres formes de production d'énergie (Québec. Ministère de l'Énergie et des Ressources naturelles (MERN), s. d.). Promouvoir l'abolition des éoliennes au profit d'autres formes d'énergie, possiblement plus polluantes et potentiellement encore plus néfastes pour les chauves-souris, n'aurait tout simplement aucun sens. De plus, dans le contexte mondial actuel, les besoins en énergie sont grandissants. Aucune forme de production d'énergie n'étant parfaite, il n'est pas raisonnable de militer contre les éoliennes. Par contre, il est possible d'optimiser leur installation et leur fonctionnement pour réduire leur incidence sur les populations de chauves-souris.

Bien qu'encore peu d'études aient été menées à ce sujet, en particulier au Québec, certaines stratégies réalistes peuvent être prises pour tenter de diminuer la mortalité de chauves-souris liée à la présence des éoliennes. Une première étape primordiale serait d'investir dans le suivi des populations de chauves-souris migratrices du Québec afin d'identifier les principaux couloirs de migration. Une fois ces corridors identifiés, il pourrait être plus facile d'interdire la construction d'éoliennes dans ces zones

116

critiques. Sans suivis précis, il est difficilement légitime d'empêcher les promoteurs de projets éoliens de mettre en place leurs infrastructures. Une fois ces données de suivi récoltées, il devient envisageable d'inclure cet aspect dans les règlementations qui régissent la construction d'éoliennes.

En attendant d'obtenir de tels suivis, il est possible d'agir à un autre niveau, soit d'éviter l'installation des éoliennes en milieu forestier, puisqu'il s'agit des endroits fortement fréquentés par les chiroptères.

Enfin, une dernière stratégie pouvant réduire la mortalité des chauves-souris due aux éoliennes est d'arrêter leur rotation lors de vents faibles, soit en deçà de six mètres par seconde. Comme il en a été discuté dans le chapitre traitant des raisons du déclin des chauves-souris, ce serait à de telles basses vitesses des pales que le taux de mortalité des chiroptères serait le plus élevé (Arnett et autres, 2008; Horn et autres, 2008). De plus, en considérant qu'à des faibles vitesses de rotation, une éolienne produit beaucoup moins d'électricité, l'interdiction d'opérer lorsque les vents sont plus faibles qu'à cette vitesse critique pourrait se faire sans que cela soit dramatique pour l'industrie.

5.3.3. Installer des structures de traverse routière

La présence de routes est une menace difficile à gérer, car ces infrastructures résultent de l'étalement urbain qui devient pratiquement inévitable avec l'expansion des villes. Omniprésentes, les routes sillonnent le paysage et dérangent les chauves-souris à divers égards. Mis à part la conservation de milieux naturels intacts et la création d'aires protégées, il n'y a pratiquement aucune façon d'éviter la présence de routes. Néanmoins, il est possible d'agir pour diminuer l'impact des routes sur les chauves-souris, en limitant les collisions directes entre les animaux et les

117

voitures ainsi qu'en rétablissant le lien entre les fragments d'un habitat sillonné par une voie routière. Des études ont démontré l'efficacité des structures de traverse routière, qu'elles soient installées sous ou par-dessus les routes, pour permettre à une population d'animaux donnée de bénéficier d'une certaine connectivité d'habitats à travers le paysage (Ng et autres, 2004; Olsson et autres, 2008). Pour les chauves-souris, ces structures peuvent prendre la forme de ponts verts (figure 5.4), de passerelles aériennes (figure 5.5) ou de passages souterrains (figure 5.6) (Hinde, 2008).

Figure 5.4 : Pont vert (tiré de : Hinde, 2008, p. 37)

Figure 5.5 : Passerelle aérienne (tiré : de Hinde, 2008, p. 38)

Figure 5.6 : Passage souterrain (tiré de : Bank, 2002, p. 4)

Au nord du Royaume-Uni, quatre passerelles aériennes formées de câbles et trois passages souterrains adaptés aux chauves-souris ont été installés sur différentes routes, dans le but de guider les chauves-souris de part et d'autre des routes en évitant le trafic. L'hypothèse derrière l'utilisation des passerelles proposait que les chauves-souris, guidées par leur sonar, les considèrent comme un endroit sécuritaire à survoler. Cependant, une récente étude tend à démontrer que cette stratégie n'a pas été efficace, en particulier pour les passerelles. Même après neuf ans de présence, les chauves-souris n'empruntaient que très peu ce type de passage, préférant traverser les routes aléatoirement, et souvent à la hauteur de déplacement des véhicules. Dans les faits, un seul type de traverse a été significativement efficace. Il s'agit d'une traverse souterraine qui, d'après l'étude, a été empruntée par 96 % des chauves-souris qui ont traversé ce secteur. Toutefois, cette traverse souterraine avait l'avantage de permettre aux chauves-souris de l'emprunter sans changer leur hauteur ou leur direction de vol, contrairement aux deux autres, qui se sont d'ailleurs avérées aussi peu efficaces que les passerelles aériennes. Aussi, l'étude suggère fortement de poursuivre les recherches concernant les ponts verts, qui pourraient s'avérer une meilleure solution, car ils ne nécessitent aucun ou un faible changement de hauteur et de direction de vol de la part des chauves-souris pour les franchir, contrairement à la plupart des traverses souterraines, dans la mesure où la route concernée soit plus basse que le milieu environnant. (Berthinussen et Altringham, 2012a)

En plus des ponts verts, il est également possible de considérer l'approche du « Hop over » grâce au renforcement par plantation. Cette approche, très simple, se base sur l'hypothèse que les chauves-souris choisiront de passer par-dessus les routes grâce à la présence d'arbres et de végétation en hauteur de part et d'autre de la route. Pour accentuer l'efficacité de cette approche, il est utile d'installer des colonnes d'éclairage pour dissuader les chauves-souris d'emprunter les zones plus dangereuses de part et d'autres et ainsi les forcer à voler plus en hauteur, au-dessus de la végétation qui n'est pas éclairée. La figure 5.7 illustre bien ce type d'approche. (Hinde, 2008)

Figure 5.7 : Approche du « *Hop over* » (tiré de Hinde, 2008, p. 35)

Peu importe le type de structure utilisé, elles devraient toutes être installées dans les endroits problématiques où il y a une forte présence de chauves-souris, soit sur les routes près des forêts et celles traversant les couloirs de migration. Comme pour le cas des éoliennes, il reste nécessaire d'effectuer des suivis des populations pour identifier ces fameux couloirs.

5.3.4. Réduire l'éclairage extérieur

La luminosité artificielle affecte les chauves-souris à différents égards. Idéalement, la meilleure stratégie à préconiser pour éliminer les impacts encourus par la lumière artificielle sur les chauves-souris serait de retirer tous les lampadaires situés près des habitats de chauves-souris. Comme il est probable que cette stratégie soit difficilement applicable, il est possible d'avoir recours à des mesures qui diminuent ces impacts. Ainsi, l'installation de minuterie afin d'éteindre les lumières présentes sur les sentiers pour piétons, sur les terrains privés ou dans les parcs pourrait permettre aux chauves-souris d'obtenir quelques heures de noirceur plus complète chaque nuit. Relier un détecteur de mouvement aux luminaires destinés aux piétons pourrait aussi faire en sorte que la lumière s'allume seulement lors du passage d'une personne. Également, il est possible de diminuer l'intensité des luminaires utilisés ou encore d'orienter les faisceaux lumineux de sorte qu'ils soient moins dérangeants pour la faune soit, idéalement, à un angle de moins de 70° sous l'horizontale. De plus, la sélection du type d'ampoule peut avoir un impact sur les chauves-souris. Les lumières blanches ayant une grande longueur d'onde ont apparemment moins d'impacts négatifs sur ces animaux que les lumières à haute teneur en rayons ultraviolets (UV). En effet, les UV attirent les insectes à un tel point que le taux de mortalité de ces derniers par contact direct avec la source lumineuse est très élevé, réduisant ainsi la disponibilité de ces proies pour les chauves-souris. (Stone, 2013)

Il est intéressant de noter que plusieurs de ces mesures, en plus d'aider les populations de chauves-souris, réduisent les coûts d'éclairage et diminuent le phénomène de pollution lumineuse, qui empêche les gens d'observer le ciel (Réserve internationale de ciel étoilé du Mont-Mégantic (RICEMM), s. d.).

5.3.5. Gérer les visites de cavernes

Il est possible pour les chauves-souris de tolérer la présence d'une activité touristique dans une caverne ou grotte où elles séjournent, mais des mesures rigoureuses doivent être prises pour les protéger. D'abord, il faut interdire l'utilisation de caméras munies de flashs photographiques, car l'intense lumière qui s'en dégage perturbe les chauves-souris (Altringham, 2011). Cette stratégie est très simple et facilement réalisable. À titre d'exemple, il suffit d'apposer simplement un écriteau à l'entrée des cavernes qui explique la raison de cette interdiction pour maximiser ses chances d'être respectée.

Aussi, il est très important de gérer les foules, en diminuant le nombre de touristes admis à la fois et en limitant les accès aux endroits plus critiques, tels que les sites de maternité et les hibernacles lors des saisons où ils sont sollicités (Altringham, 2011).

Lors de l'aménagement de grottes pour faciliter l'accès aux touristes, il est primordial de considérer le bien-être des chauves-souris en premier lieu. À cet effet, l'éclairage des lieux devrait être proscrit ou fortement diminué, au profit de lampes frontales. Dans tous les cas, des études préalables du site doivent être effectuées avant l'installation de structures, telles que des passerelles ou des balustrades, afin de s'assurer qu'elles sont localisées à des endroits moins propices au dérangement des chauves-souris.

De plus, il est évident que les différentes stratégies énumérées concernant le contrôle de la propagation anthropique du SMB s'appliquent pour toutes les activités touristiques reliées aux habitats des chauves-souris, et en particulier pour la spéléologie, qui place ses pratiquants en contact direct avec les hibernacles.

5.4. Stratégies visant l'appui du public

Pour obtenir l'appui du public, il est pertinent de suivre la démarche à préconiser pour augmenter l'acceptabilité sociale présentée dans le chapitre précédent. Aussi, afin d'augmenter les chances de réussite de chacune des stratégies de conservation décrites précédemment, il est judicieux d'appliquer les cinq étapes du marketing social abordé dans ce même chapitre. Néanmoins, en plus de ces éléments, il existe certaines stratégies à mettre de l'avant pour assurer l'obtention de l'appui du public, ce qui est essentiel dans un contexte de conservation des chauves-souris. En bref, ce sont des stratégies qui visent à assurer le succès des autres stratégies vues précédemment. Elles comprennent l'établissement d'un plan de communication, produire de la documentation d'information générale, informer les gens sur les avantages découlant de la conservation des chauves-souris, diffuser les objectifs du programme de conservation, diffuser des nouvelles sur la situation des chauves-souris, informer les gens sur leur capacité à participer à la conservation des chauves-souris et sensibiliser les gens à l'importance des aires protégées.

Pour véhiculer les nombreuses informations reliées à un projet de conservation des chauves-souris, il est vital d'avoir recours à divers outils de communication. Ainsi, toutes ces stratégies requièrent plusieurs outils de communication. Comme la population québécoise est très diversifiée, il est important d'utiliser plusieurs moyens qui puissent aller rejoindre les différents publics. Un communiqué de presse, une intervention médiatique, un dépliant, un site internet, une campagne de sensibilisation ou encore l'utilisation d'une mascotte, représentent tous des moyens pertinents de divulguer de l'information, tout dépendamment du public à laquelle elle est destinée et de la complexité des informations qu'elle véhicule.

Une initiative très intéressante qui démontre qu'il est possible de combiner plusieurs stratégies de différentes orientations afin d'augmenter l'efficacité globale d'un projet de conservation est celle de la Ligue pour la Protection des Oiseaux (LPO). Cette association française a lancé, en même temps que son plan de sauvegarde de l'effraie des clochers, une espèce de chouette en fort déclin dans cette région du monde, une campagne de sensibilisation visant à faire connaitre cet oiseau au grand public pour optimiser sa protection et sa sauvegarde. Sa campagne tourne autour de deux principales approches, soit diminuer la vitesse des véhicules la nuit et installer des nichoirs. Pour augmenter les chances de succès de son plan de sauvegarde, la LPO a distribué des nichoirs, des affiches, des dépliants et des autocollants. L'association a également mis en ligne un cahier technique très imagé qui explique la situation de l'effraie des clochers et qui donne une foule d'informations, dont la manière d'installer un nichoir pour venir en aide à ces oiseaux. (LPO, 2012)

5.4.1.   Établir un plan de communication

Une stratégie primordiale à mettre en branle dès les prémisses du projet est d'établir un bon plan de communication (Équipe de rétablissement des cyprinidés et des petits percidés du Québec, 2012). Dans les faits, il s'agit d'un plan présentant les étapes utiles à la coordination des diverses actions de communications, de concert avec les objectifs du projet concerné (OQLF, 2006). Il s'agit donc d'une marche à suivre ou d'un cadre pour tout ce qui touche à la communication et, ultimement, pour l'obtention de l'appui du public. Dans le contexte spécifique du présent essai, il apparait judicieux d'orienter les campagnes de sensibilisation sur deux axes principaux. Premièrement, sur l'urgence d'agir, un peu à la manière du cas du diable de Tasmanie, puisque les chauves-souris vivent actuellement d'énormes déclins. Deuxièmement, sur l'utilité des chauves-souris pour la société, tant au point de vue économique, social qu'environnemental. Aussi, il est pertinent de miser sur l'intérêt que peut provoquer la chauve-souris pour passer outre son manque de charisme. Dans cette même veine, profiter de la vague du phénomène « *ugly cute* » pour populariser les chauves-souris pourrait être une avenue intéressante. Une fois rédigé, le plan de communication pourra inclure une section qui propose les meilleurs moyens à utiliser dans différents contextes, selon les caractéristiques des parties prenantes et la nature des stratégies de conservation devant être mises de l'avant.

5.4.2. Faire connaitre les chauves-souris et leur situation critique

Le grand public doit en connaitre davantage sur les chauves-souris et sur les menaces qui les guettent pour que l'on puisse espérer obtenir son appui dans un projet de conservation les concernant. Pour y parvenir, différentes stratégies sont possibles.

La première est de produire des documents d'information générale sur le sujet, destinés à l'ensemble de la population du Québec (Équipe de rétablissement des cyprinidés et des petits percidés du Québec, 2012). Cela permet de fournir de l'information accessible et facilement compréhensible pour le grand public. Cette stratégie permet aussi de minimiser l'apparition du syndrome BANANA, qui peut devenir un véritable fléau pour l'aboutissement d'un tel projet. Ces informations pourraient inclure quelques statistiques sur le déclin des chauves-souris pour démontrer l'urgence des efforts de conservation, ce qui exploite le premier axe du plan de communication. Ces documents peuvent aussi servir à faire naitre l'intérêt pour la chauve-souris chez les gens, ce qui est un bon point de départ vers l'augmentation de l'acceptabilité sociale de sa conservation. Il est donc pertinent d'inclure des renseignements sur le comportement des chauves-souris et sur divers faits intéressants à leur sujet, afin de piquer la curiosité des gens. Cette première vague de documentation grand public pourrait également servir à rassurer le public, en démystifiant les mythes et les fausses croyances les plus répandues à propos des chiroptères.

Ensuite, informer sur les avantages découlant de la conservation des chauves-souris est aussi une stratégie à préconiser, et particulièrement pour les gens qui habitent à proximité des habitats naturels des chauves-souris (Équipe de rétablissement du caribou forestier du Québec, 2013). Pour ces personnes, il est particulièrement judicieux d'organiser des séances d'information, ou d'autres types d'activités interactives, afin d'encourager leur participation, car ce sont ces citoyens qui auront probablement le plus d'incidence directe sur les chauves-souris. Cette stratégie peut contribuer à réduire le risque d'avoir affaire à des cas de NIMBY qui peuvent compliquer l'implantation d'autres stratégies.

Puis, diffuser les objectifs du programme de conservation pour informer les gens est également une stratégie intéressante (Équipe de rétablissement du caribou forestier du Québec, 2013). En plus, elle concorde avec le souci de rester transparent tout au long du processus, ce qui est très important pour augmenter l'acceptabilité sociale du projet. Cela permet aux gens de savoir à quoi s'attendre quant aux stratégies qui seront déployées et ainsi leur éviter de mauvaises surprises s'ils sont en désaccord avec ces dernières. De cette manière, il est possible de répondre directement aux questions des gens en amont du projet, ce qui peut faire diminuer leurs craintes et ainsi augmenter les chances de réussite des stratégies de conservation.

Enfin, diffuser régulièrement des nouvelles sur la situation des chauves-souris est une stratégie offrant de nombreux bénéfices (Équipe de rétablissement du caribou forestier du Québec, 2013). Elle encourage les gens à s'intéresser au projet et, surtout, à s'impliquer dans les différentes stratégies proposées. Il est d'autant plus important de divulguer les résultats concrets d'une stratégie qui a bien fonctionné. Ceci a donc le potentiel de faire prendre conscience aux gens que leurs efforts ou leurs dons servent réellement à quelque chose, ce qui peut les pousser à s'impliquer davantage ou à encourager leurs proches à faire de même.

Par ailleurs, il est possible d'avoir recours à des moyens originaux pour divulguer de l'information et capter l'attention du public sur une situation telle que le déclin des populations de chauves-souris. Dans cette veine, il y a notamment le *Projet Rescousse*, un organisme qui se consacre à la promotion de la biodiversité, de la protection et du rétablissement des espèces en péril et qui ramasse des fonds pour la Fondation de la faune du Québec avec la vente d'une bière brassée par la microbrasserie *Dieu du Ciel!* (Microbrasserie Dieu du Ciel!, s. d.; Projet Rescousse, s. d.a). Cette bière, nommée *Rescousse*, a permis de ramasser plus de 43 000 $ depuis 2011 pour financer des actions de rétablissement des espèces en péril telles que le carcajou, le chevalier cuivré et la rainette faux-grillon, en prélevant onze cents par bouteille et trente-deux cents par litre de fût vendu, tout informant le public avec des renseignements imprimés sur la bouteille et les emballages (Projet Rescousse, s. d.b).

5.4.3. Informer les gens sur leur capacité à participer à la conservation des chauves-souris

Informer les gens sur leur capacité à faire une différence dans la conservation des chauves-souris du Québec est une stratégie qui vise à augmenter leur sentiment d'appartenance au projet et, par le fait même, son acceptabilité sociale (Équipe de rétablissement du chevalier cuivré du Québec, 2012). Arriver à sensibiliser le public quant à l'influence qu'ont ses activités et ses gestes sur la conservation des chiroptères peut jouer un rôle clé dans cette démarche. Pour ce faire, il est important d'expliquer aux gens, d'une part, ce qu'ils peuvent faire pour aider les chauves-souris et, d'autre part, les conséquences que la poursuite de certaines habitudes peut avoir sur les chauves-souris. Plusieurs exemples peuvent démontrer cette capacité. Ainsi, concernant le SMB, chaque personne peut en limiter la propagation en adoptant des comportements adaptés lors de la visite de lieux pouvant abriter des chauves-souris, par exemple en nettoyant leur matériel et leur vêtement. En ce qui concerne l'éclairage artificiel, les gens résidant dans les secteurs les plus propices à côtoyer des chauves-souris devraient diminuer l'utilisation de leurs lampadaires extérieurs, ou du moins, choisir des luminaires moins nocifs pour la prospérité de ces animaux. Enfin, un dernier exemple de ce que les gens peuvent faire pour participer à la conservation des populations de chauves-souris, est de leur fournir un abri. Que ce soit en aménageant un nichoir sur leur terrain ou en tolérant la présence de chauves-souris dans un bâtiment abandonné ou un grenier, les citoyens peuvent faire une différence.

5.4.4. Sensibiliser les gens à l'importance de la création des aires protégées

Les aires protégées représentent une avenue très pertinente pour la sauvegarde des chauves-souris, de leurs habitats naturels et de tous les organismes qui y vivent. Sensibiliser les citoyens à l'importance de la contribution des aires protégées pour la conservation des chauves-souris est une stratégie peut les aider à réaliser l'intérêt de ces zones.

Néanmoins, cette stratégie peut être particulièrement difficile à mettre en place. En effet, l'établissement d'une aire protégée est souvent ponctué de contestations car cela implique une diminution de l'accès à des milieux naturels qui peuvent être utilisés par des amateurs de d'activités variées pouvant y être pratiquée. Il est primordial que les gens comprennent les raisons qui motivent la mise en place de ce type de zone et ce que cela peut représenter pour la chauve-souris et son environnement. (Équipe de rétablissement du caribou forestier du Québec, 2013)

5.5. Importance des orientations

Toutes les stratégies proposées ont été divisées en quatre orientations distinctes pour qu'il soit plus facile de s'y référer, tout dépendamment des opportunités qui se présentent pour les instances qui désirent agir pour la conservation des chauves-souris. Toutefois, il est important de considérer que les orientations n'ont pas toutes le même degré d'importance puisque certaines menaces sont plus graves que d'autres. Cette gravité peut s'expliquer en termes du nombre de chauves-souris atteintes ou encore du degré de précarité des espèces visées. Dans le cas présent, les stratégies visant la diminution des effets du SMB sont très importantes parce que ce dernier est responsable de la plus grande baisse de populations que des espèces de chauves-souris québécoises ont connue jusqu'à aujourd'hui. Si on compare ces stratégies avec celles visant l'atténuation des impacts des activités humaines, qui engendrent au final moins de mortalité que le SMB, il est facile de réaliser cette différence d'importance.

En bref, il s'agit seulement de garder en tête cette importance relative lorsqu'il sera question de sélectionner certaines stratégies plutôt que d'autres. Évidemment, il est tout de même important d'agir à différents niveaux pour optimiser les stratégies de conservation et, surtout, venir en aide aux différentes espèces de chauves-souris.

6. ANALYSE DES STRATÉGIES VISANT LE RÉTABLISSEMENT ET LE MAINTIEN DES POPULATIONS DE CHAUVES-SOURIS

Le chapitre précédent a permis de présenter trente-quatre stratégies différentes qui pourraient contribuer à rétablir ou à maintenir les populations de chauves-souris au Québec. Bien que chacune d'entre elles soit pertinente, elles ne sont pas toutes aussi prioritaires. Ce présent chapitre propose un ordre d'importance pour les stratégies, au sein de chaque orientation, qui est établi selon une analyse multicritère.

D'abord, les résultats du sondage utilisé pour connaitre l'opinion des Québécois face aux chauves-souris sont présentés. Ceux-ci jouent un rôle plus loin dans l'attribution de la pondération des critères et de la notation des stratégies. Puis, la mise en contexte de l'analyse multicritère est présentée, suivie par la description, la justification et la pondération des différents critères utilisés dans l'analyse. Ensuite, la grille d'analyse multicritère, divisée en chacune des orientations, est exposée avec les résultats obtenus pour chaque stratégie. Enfin, la dernière section de ce chapitre discute des résultats de l'analyse, en décrivant les principaux arguments qui ont motivé la notation finale des différentes stratégies.

6.1. Présentation du sondage

Dans le cadre de cet essai, un court sondage a été effectué pour connaitre le niveau de tolérance des Québécois face aux chauves-souris et leur opinion à propos d'un possible investissement dans un programme de protection. De plus, ce sondage comportait des questions de connaissances concernant les chauves-souris, dont certaines étaient directement reliées à des mythes et des croyances populaires, afin d'avoir une idée des perceptions qu'ont les Québécois vis-à-vis ces animaux. Les questions utilisées se retrouvent à l'annexe 1. Toutes les questions exigeaient que les répondants se commettent. Aucune question ne permettait aux répondants de sélectionner une réponse indécise. Cette approche visait à forcer les participants à répondre avec ce qui leur semblait être le plus vraisemblable. Le logiciel *SurveyMonkey* a été utilisé comme plateforme pour le sondage. Ce dernier a été distribué aux répondants par courriel, par les réseaux sociaux via un lien Internet et en version papier. Au total, 158 participants ont répondu au sondage, consécutivement à l'envoi de cinq invitations par courriel, la distribution d'une vingtaine de copies de la version papier et la diffusion du lien auprès de 300 « amis » *Facebook*.

Toutefois, il est important de considérer certains facteurs qui ont pu biaiser les résultats. Bien que les sondages aient été remplis de manière anonyme, la plupart des répondants sont probablement issus de l'entourage plus ou moins immédiat de l'auteure, ce qui inclut une bonne proportion de diplômés universitaires et/ou issus de domaines liés à l'environnement ou aux sciences naturelles. Il est donc probable que cet échantillon soit plus aux faits de la réalité des chauves-souris que la moyenne de la population québécoise. Aussi, bien que cette proportion soit probablement très faible, il est possible que certaines personnes résidant à l'extérieur au Québec aient pu répondre au sondage. Ainsi, il se peut que quelques questionnaires compilent l'opinion de gens qui ne seraient pas touchés par un éventuel programme de protection des chauves-souris. Par ailleurs, concernant la possibilité de doublons, une fonction intégrée au sondage limitait les répondants à une seule occasion de répondre par ordinateur, ce qui fournit une certaine assurance que les gens interrogés n'ont pu y répondre qu'une seule fois. En somme, il est possible que les résultats obtenus ne soient pas tout à fait représentatifs de la majorité de la population du Québec, mais ils demeurent tout de même intéressants, surtout considérant que plus de 150 personnes y ont répondu.

Voici les résultats obtenus pour les différentes catégories de questions. D'abord, la figure 6.1 montre la répartition des réponses quant au niveau de tolérance.

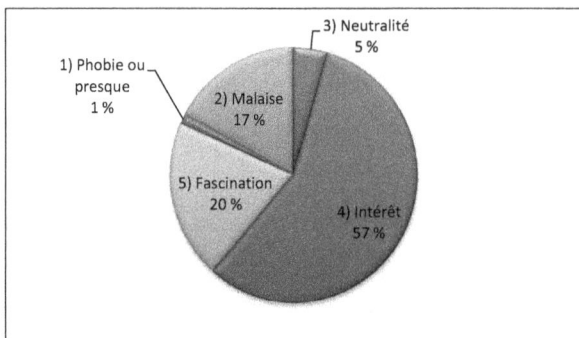

Figure 6.1 : Résultats du sondage quant au niveau de tolérance des répondants envers les chauves-souris

Il est particulièrement intéressant de constater que seulement 1 % des gens interrogés indiquent avoir peur des chauves-souris et que la majorité déclare avoir un intérêt pour ces dernières. Cela suggère que le travail de sensibilisation et d'éducation pour convaincre les gens que les chauves-souris ne sont pas si effrayantes qu'elles puissent paraitre a déjà fait son œuvre. Donc, il probable qu'il ne sera pas nécessaire de mettre autant d'efforts pour augmenter l'acceptabilité sociale que si la situation avait été inversée, soit que la grande majorité des gens ait peur des chauves-souris et qu'une minorité seulement ait de l'intérêt.

Ensuite, pour la question concernant la mise en place d'un programme de protection des chauves-souris, la très grande majorité des gens interrogés, soit 95 %, ont répondu être en faveur d'un tel programme. Ainsi, il se pourrait que, plus les gens sont intéressés par les chauves-souris, plus ils seraient enclins à accepter la mise en place d'initiatives visant la conservation de ces animaux.

Enfin, concernant les questions de connaissance sur les chauves-souris, les résultats sont très intéressants. En général, les répondants ont vu juste sur la majorité des huit questions de connaissance.

Ces deux dernières situations sont peut-être reliées au fait qu'une bonne proportion de l'échantillon, soit plus des trois quarts des personnes interrogées, représente des gens se disant intéressés ou fascinés par ces animaux.

Concrètement, le tableau 6.3 montre les pourcentages de bonnes et de mauvaises réponses pour chacune de ces questions, incluant la bonne réponse entre parenthèses à la suite de ces dernières.

Tableau 6.1 : Résultats des questions de connaissance sur les chauves-souris

Questions	Bonnes réponses (%)	Mauvaises réponses (%)
Les chauves-souris sont-elles aveugles? (Non)	62	38
Est-ce que certaines des chauves-souris vivant au Québec se nourrissent de sang? (Non)	90	10
Est-il exact de dire qu'une chauve-souris insectivore peut engloutir l'équivalant de son propre poids en insectes en une seule nuit? (Oui)	92	8
Une chauve-souris vivant au Québec peut-elle transmettre la rage aux humains? (Oui)	80	20
Une chauve-souris fait partie de quelle classe d'animaux? (Mammifères)	91	9
Une chauve-souris peut-elle ronger des matériaux de construction ou l'isolation d'un bâtiment? (Non)	74	26
Une chauve-souris a-t-elle tendance à s'agripper aux cheveux d'un humain? (Non)	92	8
Une chauve-souris peut-elle construire un nid? (Non)	68	32

Ce tableau permet de constater que certains sujets ou mythes inexacts liés aux chauves-souris sont plus présents que d'autres chez les Québécois. Le fait que les chauves-souris soient aveugles, qu'elles puissent construire un nid et qu'elles arrivent à ronger des matériaux de construction sont les trois questions les moins bien répondues. Les deux derniers résultats traduisent peut-être une certaine crainte des gens d'être envahi dans leur propriété par ces animaux. Ainsi, il serait judicieux d'accentuer ce sujet dans les campagnes de sensibilisation pour informer les gens sur les réels comportements des chauves-souris, afin de les rassurer à ce propos. Aussi, il est intéressant de constater que le mythe de la chauve-souris qui s'agrippe aux cheveux n'est apparemment pas très répandu. Il s'agit probablement d'une vieille croyance qui est de moins en moins véhiculée aujourd'hui, ce qui est plutôt positif pour l'image des chauves-souris. Le même raisonnement peut s'appliquer au possible caractère hématophage des chauves-souris : les gens semblent savoir que ce type de régime alimentaire ne se retrouve pas parmi les espèces présentes au Québec. Concernant la propagation de la rage, il est intéressant de voir qu'une bonne proportion des répondants est bien au fait que les chauves-souris peuvent la transmettre. Néanmoins, compte tenu des conséquences sérieuses de cette maladie, il pourrait être très pertinent d'inclure de l'information à ce propos dans la documentation véhiculée pour rappeler aux gens que, même si les chances de contracter ce virus reste très faibles, il est nécessaire de rester vigilant et de ne jamais manipuler de la faune sauvage, qu'il s'agisse d'une chauve-souris ou de n'importe quel autre animal, sans prendre des précautions de sécurité. Enfin, la grande majorité des gens interrogés semblent être au courant que les chauves-souris peuvent être de grands prédateurs d'insectes. Cet aspect est particulièrement intéressant, car le côté insectivore des chauves-souris du Québec représente probablement leur plus grand atout pour prouver leur utilité, tant au niveau économique que social ou environnemental.

6.2. Mise en contexte de l'analyse multicritère

L'analyse multicritère est essentielle pour parvenir à combler l'objectif principal de cet essai, soit de prioriser des stratégies de rétablissement ou de maintien des chauves-souris du Québec. Le but de l'analyse n'est pas de trouver une seule et unique solution, mais bien un ensemble de stratégies à mettre de l'avant pour optimiser les chances de rétablissement et de maintien des populations de chauves-souris. Elle vise donc à déterminer l'ordre d'importance des différentes stratégies pour chacune des grandes orientations à l'étude, soit celle visant la diminution des effets du SMB, celle visant la conservation d'habitats propices aux chauves-souris, celle visant l'atténuation des impacts des activités humaines et, enfin, celle visant l'appui du public.

L'analyse multicritère utilisée est inspirée de la méthode de la somme pondérée (Caillet, 2003). Le tableau 6.1 montre un exemple du type de grille qui est utilisé pour l'analyse multicritère et la manière dont le pointage est attribué à chaque stratégie.

Tableau 6.2 : Exemple de la méthode de la somme pondérée pour une analyse multicritère (inspiré de : Caillet, 2003, p. 18)

	Critère 1 (Ex. : Efficacité)		Critère 2 (Ex. : Coût)		Critère 3 (Ex. : Complexité)		
Pondération des critères (%)	A		B		C		Pointage total de chaque stratégie
	Note	Total	Note	Total	Note	Total	
Stratégie 1	a	(A^*a)	d	(B^*d)	g	(C^*g)	$(A^*a) + (B^*d) + (C^*g)$
Stratégie 2	b	(A^*b)	e	(B^*e)	h	(C^*h)	$(A^*b) + (B^*e) + (C^*h)$
Stratégie 3	c	(A^*c)	f	(B^*f)	i	(C^*i)	$(A^*c) + (B^*f) + (C^*i)$

Chaque critère est pondéré, en pourcentage, selon son niveau d'importance dans ce contexte-ci. Les critères utilisés, ainsi que leur pondération, restent les mêmes d'une orientation à l'autre. Ils sont définis dans la section correspondante de ce chapitre. Chaque stratégie est notée selon une échelle variant de 1 à 5, en fonction de sa performance pour chacun des critères. Plus le pointage total d'une stratégie est élevé, plus cette dernière est importante et plus elle devrait donc être considérée en priorité. Le tableau 6.2 présente la signification associée à chacun des pointages.

Tableau 6.3 : Signification des pointages attribués aux stratégies

Pointage	Signification
1	Pas performante/Neutre/Mineure/Négligeable
2	Très peu performante
3	Peu performante
4	Performante
5	Très performante

À titre d'exemple, si une stratégie ne nécessite qu'un faible coût pour être implantée et exploitée, son pointage sera élevé pour ce critère, puisque cela représente un avantage. À l'inverse, si une stratégie semble très compliquée à mettre en place, son pointage sera faible, puisqu'il s'agit d'un désavantage.

À noter que les pointages totaux ne sont jamais très élevés, allant d'un minimum de 1 à un maximum de 5, compte tenu de la pondération des critères. Ainsi, la différence entre les pointages totaux d'une stratégie à une autre n'est jamais énorme. La valeur de chacune des décimales a donc une grande importance.

Enfin, il est important de souligner que ces notes sont décernées en se basant sur la performance de la stratégie dans le contexte actuel, sur les nombreuses informations relatives au déclin des chauves-souris du Québec qui ont été détaillées dans les chapitres précédents et sur le jugement de l'auteure. De plus, les résultats du sondage ont servi à ajuster le pointage de certaines stratégies, en particulier celles de l'orientation concernant l'appui du public.

6.3. Critères utilisés pour l'analyse des stratégies

La sélection des critères est une étape vitale dans l'élaboration d'une analyse multicritère, car ils influencent grandement le pointage final de chaque stratégie. Il est donc important de choisir des critères variés qui arrivent à bien faire ressortir les forces et les faiblesses de chacune des stratégies envisageables. Au total, cinq critères distincts ont été sélectionnés : l'efficacité (pondérée à 30 %), le coût (pondéré à 25 %), la capacité de générer des impacts positifs à court terme (pondérée à 20 %), la complexité de la mise en œuvre (pondérée à 15 %) et le nombre d'espèces concernées par la stratégie (pondéré à 10 %). Bien que la pondération fluctue d'un critère à l'autre, chacun d'entre eux reste très important. En théorie, la stratégie idéale serait grandement efficace, ne coûterait presque rien, générerait des impacts positifs à court terme, serait facile à mettre œuvre et pourrait aider toutes les espèces de chauves-souris du Québec.

Le premier critère est celui de l'efficacité, réelle ou probable, de la stratégie. En se basant sur les données et les informations actuelles, il est possible d'estimer les probabilités de succès de la stratégie. Ce critère est particulièrement important, puisqu'investir dans une stratégie qui n'engendre aucun ou très peu d'effets satisfaisants peut être très difficile à justifier. D'un autre côté, une stratégie n'ayant qu'une faible probabilité de réussite mais qui, si elle fonctionne, génèrent des impacts notables pour la conservation des chauves-souris, reste très intéressante.

Le deuxième critère est celui du coût d'implantation et d'exploitation de la stratégie. Il est important que ce dernier ne soit pas trop élevé, sans quoi cela pourrait diminuer considérablement l'acceptabilité sociale de la stratégie et, ainsi, mettre son application en péril. Néanmoins, il est important de se rappeler que protéger les chauves-souris engendre des impacts économiques positifs non négligeables et, qu'en fin de compte, investir dans des stratégies de conservation reste une décision gagnante.

Le troisième critère se définit par la capacité de la stratégie à générer des impacts positifs à court terme. Dans le contexte où des déclins majeurs de chauves-souris sont observés d'année en année, allant toujours croissants, il est particulièrement important de sélectionner des stratégies qui peuvent être efficaces à court terme. Idéalement, une stratégie devrait engendrer des bénéfices immédiats dès son application. Une stratégie qui prendrait trop de temps à faire effet pourrait, au final, s'avérer inutile.

Le quatrième critère est celui de la complexité de la mise en œuvre de la stratégie, ce qui inclut, entre autres, la quantité d'efforts devant être déployés pour la mettre en place ainsi que la législation et la réglementation nécessaires. Il est important que la stratégie ne soit pas trop compliquée afin de maximiser la participation citoyenne. Dans le cas de stratégies très complexes, mais ayant un potentiel très intéressant, une attention particulière à la vulgarisation reste essentielle pour augmenter ses chances de succès.

Le dernier critère est lié au nombre d'espèces concernées par la stratégie. Comme l'objectif principal de toutes ces stratégies est de rétablir et de maintenir l'ensemble des espèces de chiroptères du Québec, une stratégie qui arrive à avoir une incidence sur plusieurs d'entre elles s'avère très intéressante. Néanmoins, il est important de considérer que certaines espèces sont plus précaires que d'autres et devraient, par le fait même, bénéficier d'une aide plus urgente à court terme pour éviter leur extinction. Ce côté ambigu fait en sorte que ce critère est celui ayant la plus petite pondération.

6.4. Résultats de l'analyse multicritère

La grille de l'analyse multicritère a été divisée en quatre, soit une grille pour chacune des orientations, afin de permettre une consultation plus pratique des stratégies selon la menace sélectionnée. Les tableaux 6.4, 6.5, 6.6 et 6.7 présentent les stratégies selon leur orientation respective, avec la note qu'elles ont obtenue en fonction des différents critères. Le total des notes indiqué dans chaque tableau prend en compte la pondération attribuée à chacun des critères. Aussi, les moyennes des notes attribuées par critère y sont inscrites au bas des tableaux. À noter que cette section ne fait qu'exposer les résultats. Ces derniers sont discutés et justifiés dans la section suivante. Pour plus de détails concernant l'attribution des notes, l'annexe 4 présente une liste exhaustive de chacune des stratégies avec les raisons qui ont motivé l'attribution de chaque note.

Tableau 6.4 : Grille de l'analyse multicritère - Stratégies visant la diminution des effets du SMB

Stratégies		Efficacité (30 %)	Coût (25 %)	Impacts positifs à court terme (20 %)	Complexité (15 %)	Nombre d'espèces concernées (10 %)	Total
Poursuivre les recherches fondamentales sur le SMB		4	3	1	5	3	3,20
Traiter les chauves-souris atteintes		4	1	5	4	3	3,35
Augmenter la résistance des chauves-souris au SMB		4	1	5	2	3	3,05
Diminuer l'impact du SMB sur les individus atteints	Installer des refuges thermiques dans les hibernacles	5	1	4	4	3	3,45
	Fournir de la nourriture durant l'hibernation	2	2	4	1	3	2,35
Éliminer G. destructans des hibernacles	Utiliser un fongicide sur les parois des cavernes	3	3	5	1	3	3,10
	Modifier les conditions abiotiques des hibernacles	4	1	4	3	2	2,90
Éliminer les chauves-souris atteintes		1	2	2	4	3	2,10
Contrôler la propagation anthropique du SMB		3	5	2	5	3	3,60
Moyenne par critère		3,3	2,1	3,6	3,2	2,9	

Tableau 6.5 : Grille d'analyse multicritère - Stratégies visant la conservation d'habitats propices aux chauves-souris

Stratégies	Efficacité (30 %)	Coût (25 %)	Impacts positifs à court terme (20 %)	Complexité (15 %)	Nombre d'espèces concernées (10 %)	Total
Optimiser l'aménagement forestier	4	4	3	3	4	3,65
Optimiser l'aménagement du paysage agricole	4	2	1	4	5	3,00
Protéger les infrastructures utilisées par les chauves-souris	5	5	4	5	3	4,60
Installer des nichoirs artificiels	4	4	4	4	3	3,90
Créer des aires protégées	5	1	1	3	5	2,90
Moyenne par critère	4,4	3,2	2,6	3,8	4,0	

Tableau 6.6 : Grille d'analyse multicritère - Stratégies visant l'atténuation des impacts des activités humaines

	Stratégies	Efficacité (30 %)	Coût (25 %)	Impacts positifs à court terme (20 %)	Complexité (15 %)	Nombre d'espèces concernées (10 %)	Total
Diminuer l'utilisation de pesticides	Resserrer la législation entourant les pesticides	3	3	1	3	5	2,80
	Subventionner l'agriculture biologique	3	1	1	3	5	2,30
	Mieux gérer l'utilisation de pesticides en culture	4	4	1	2	5	3,20
	Prôner l'entretien écologique des pelouses	3	5	1	3	5	3,30

Tableau 6.6 : Grille d'analyse multicritère - Stratégies visant l'atténuation des impacts des activités humaines (suite)

Stratégies		Efficacité (30 %)	Coût (25 %)	Impacts positifs à court terme (20 %)	Complexité (15 %)	Nombre d'espèces concernées (10 %)	Total
Optimiser l'installation et le fonctionnement des éoliennes	Revégétaliser les bandes riveraines	4	3	1	3	5	3,10
	Éviter d'installer des éoliennes dans les couloirs migratoires	4	2	4	1	2	2,85
	Éviter d'installer des éoliennes en milieu forestier	4	2	4	3	5	3,45
	Arrêter le mouvement des éoliennes lors de vents faibles	5	1	5	4	5	3,85
Installer des structures de traverse routière		3	1	2	4	5	2,65
Gérer les visites de cavernes	Réduire l'éclairage extérieur	4	5	5	5	5	4,70
	Interdire l'utilisation de caméras	4	5	5	5	5	4,70
	Restreindre l'accès aux cavernes	4	3	4	5	5	4,00
	Optimiser l'aménagement des cavernes touristiques	3	2	3	3	5	2,95
Moyenne par critère		3,7	2,8	2,8	3,4	4,8	

Tableau 6.7 : Grille d'analyse multicritère - Stratégies visant l'appui du public

Stratégies		Efficacité (30 %)	Coût (25 %)	Impacts positifs à court terme (20 %)	Complexité (15 %)	Nombre d'espèces concernées (10 %)	Total
	Établir un plan de communication	3	4	2	3	5	3,25
Faire connaître les chauves-souris et leur situation critique	Produire des documents d'information générale	2	4	2	4	5	3,10
	Informer sur les avantages découlant de la conservation des chauves-souris	3	4	2	4	5	3,40
	Diffuser les objectifs du programme de conservation	1	4	2	5	5	2,95
	Diffuser des nouvelles sur la situation des chauves-souris	1	4	2	5	5	2,95
	Informer les gens sur leur capacité à participer à la conservation des chauves-souris	3	4	2	4	5	3,40
	Sensibiliser les gens à l'importance de la création des aires protégées	1	4	2	3	5	2,65
Moyenne par critère		2,0	4,0	2,0	4,0	5,0	

6.5. Discussion des résultats de l'analyse

Cette section met en évidence les grandes généralités qui ressortent de chaque orientation et présente, au besoin, les cas spécifiques qui nécessitent plus d'explications ou encore des exemples concrets pour bien illustrer la portée de la stratégie concernée. Les arguments qui ont motivé les pointages attribués à chacune des stratégies, en traitant plus

145

spécifiquement des principaux avantages et désavantages qui leur sont reliés, sont présentés à l'annexe 4.

La moyenne des résultats attribués à chaque critère permet de pouvoir comparer leurs tendances entre les orientations. Ainsi, selon les opportunités et les moyens disponibles, cette information peut aider les instances concernées à sélectionner une orientation en priorité. Également, il est possible de comparer la performance globale des différentes orientations entre elles puisque leurs stratégies ont été notées de la même façon. Cette performance globale est représentée par la moyenne des pointages totaux des stratégies au sein des orientations. Néanmoins, il ne faut pas négliger l'importance relative de chacune de ces orientations, tel qu'abordé à la fin du chapitre précédent. Aussi, les performances globales ne servent qu'à les prioriser pour aider les instances à en sélectionner une avant une autre, en considérant que plusieurs facteurs tels que le budget, le temps et les problématiques propres à chacune des situations peuvent influencer la direction d'un programme de conservation pour une région donnée. Enfin, avant de discuter des résultats de l'analyse, il est important de rappeler que toutes les stratégies suggérées sont pertinentes, car elles ont toutes le potentiel d'avoir un effet sur le rétablissement et la maintenance des populations de chauves-souris.

Le tableau 6.8 montre une synthèse de ces tendances pour chacune des orientations, en exposant les avantages et les désavantages notables de la majorité de leurs stratégies, ainsi qu'en présentant leur performance globale.

Tableau 6.8 : Tendances des avantages et désavantages pour chaque orientation avec leur performance globale

Orientation	Avantages	Désavantages	Performance globale
#1	Impacts positifs à court terme; Efficacité; Complexité	Coût; Nombre d'espèces concernées	3,01
#2	Efficacité; Nombre d'espèces concernées	Impacts positifs à court terme; Coût	3,61
#3	Nombre d'espèces concernées; Efficacité	Coût; Impacts positifs à court terme	3,37
#4	Nombre d'espèces concernées; Coût; Complexité	Efficacité; Impacts positifs à court terme	3,10

6.5.1. Discussion des résultats des stratégies visant la diminution des effets du SMB

La première orientation renferme les résultats requérant le plus d'explications, car il s'agit ici de stratégies qui nécessitent la considération de plusieurs facteurs. En général, les stratégies de cette orientation sont particulièrement intéressantes pour leur capacité à générer des impacts positifs à court terme, leur efficacité et leur degré de complexité plutôt faible. Cependant, les coûts pouvant y être reliés restent relativement élevés et ce ne sont pas toutes les chauves-souris du Québec qui sont concernées par le SMB donc, nécessairement, toutes ces stratégies ne peuvent être utiles pour l'ensemble des espèces, ce qui se traduit par un pointage généralement intermédiaire pour ce critère. Globalement, la performance de cette orientation est la plus faible des quatre, même si

147

l'importance de cette dernière demeure primordiale à cause de l'ampleur de cette menace. Ainsi, il apparait que ces stratégies ne devraient être utilisées que dans certaines circonstances où elles pourront être utiles, à savoir dans les régions atteintes par le SMB, et par des instances qui puissent les mettre en place, ce qui exclut les citoyens, mis à part pour le contrôle de la propagation anthropique du syndrome.

Concernant le traitement des chauves-souris atteintes, il demeure nécessaire de faire davantage de recherche avant de pouvoir l'appliquer convenablement. Dans cette veine, il pourrait être intéressant de développer et d'améliorer les techniques de diagnostics pour détecter les infections à des stades plus précoces et ainsi permettre aux biologistes d'agir plus rapidement afin d'augmenter les chances de sauver les chauves-souris atteintes (Boyles et autres, 2011). Aussi, il faudrait penser à la possibilité de mettre en quarantaine les individus traités, de même qu'aux précautions à prendre lors de leur manipulation et de leur libération (Foley et autres, 2011). Une information vitale est encore manquante : les chercheurs ne savent toujours pas quelle proportion d'une colonie devrait être traitée pour réduire suffisamment le risque de propagation du champignon (Foley et autres, 2011). De plus, le fait de guérir une chauve-souris ne lui garantit pas d'être immunisée au SMB l'année suivante ou de ne pas être encore porteuse de l'agent infectieux, ce qui peut être problématique à divers égards.

Fournir de la nourriture durant l'hibernation ne semble pas être une stratégie très performante. Son plus grand avantage repose sur le fait que des impacts positifs seraient probablement visibles à court terme si une façon efficace de fournir de la nourriture est identifiée. Or, pour arriver à nourrir une chauve-souris au cœur de son hibernation, il serait nécessaire d'avoir recours à des programmes d'alimentation en captivité. Ce processus peut être laborieux et complexe, surtout en considérant qu'il faut entrainer les chauves-souris à se nourrir en captivité. Ainsi, monter de tels programmes semble pratiquement impossible et, surtout, très coûteux. (Boyles et Willis, 2010)

Il est important de considérer que le traitement des individus atteints, l'installation de refuges thermiques et fournir de la nourriture durant l'hibernation, sont des stratégies qui peuvent avoir des conséquences indésirables sur la conservation des chauves-souris. En effet, comme le SMB semble surtout transmissible d'une chauve-souris à une autre, il pourrait être dangereux de permettre la survie des individus infectés, car ils peuvent demeurer contagieux, ce qui peut être une grande menace pour les chauves-souris saines qui entreront en contact avec ceux-ci. Ainsi, en permettant une plus grande survie des chauves-souris atteintes du SMB, il y a risque d'accentuer l'épidémie et de provoquer encore plus de mortalités chez les colonies qui n'ont pas encore été mises en contact avec le syndrome. Néanmoins, la situation est déjà critique pour une grande majorité de chauves-souris chez certaines espèces. La propagation du champignon étant déjà très rapide, le fait d'augmenter le nombre de chauves-souris potentiellement porteuses et contagieuses n'aurait peut-être que très peu d'impact sur la situation actuelle. Aussi, il faut considérer l'urgence d'agir. Actuellement, les effets dévastateurs du SMB sont si importants qu'il serait regrettable de ne rien tenter pour le contrer. Ces stratégies pourraient permettre de sauvegarder une proportion, même faible, de chauves-souris, en attendant de trouver un moyen pour éradiquer définitivement le SMB. Par ailleurs, le champignon est adapté aux milieux froids et humides qui sont moins fréquentés par les chauves-souris durant la saison estivale. S'il s'avère que le syndrome est très peu transmis lors de la saison active, il n'y aurait que peu de chances que les chauves-souris survivantes transmettent l'infection aux chauves-souris saines durant le printemps ou l'été. Dans un tel cas, ces stratégies pourraient être mises de l'avant sans grande crainte d'obtenir des résultats indésirables sur la survie des chauves-souris saines. (Boyles et Willis, 2010)

Utiliser un fongicide sur les parois des cavernes est une stratégie qui semble très complexe puisqu'il n'est pas évident de recouvrir l'entièreté des cavernes, ce qui pourrait laisser une opportunité au champignon de croitre et d'infecter tout de même des chauves-souris. Aussi, il est difficile de prédire la durée de l'efficacité d'un tel traitement. Si le fongicide utilisé doit être renouvelé régulièrement, cette stratégie s'avère peu pratique et peut rapidement devenir dispendieuse. Également, il n'est pas encore clair que la propagation du champignon s'effectue depuis les parois vers l'animal, ce qui pourrait rendre cette stratégie encore moins intéressante. Dans le cas où le champignon se transmet uniquement de chauve-souris en chauve-souris, la seule manière d'assurer du succès à cette stratégie serait d'appliquer directement le fongicide sur les colonies présentes dans les cavernes. Toutefois, cette dernière approche peut déranger les animaux et nuire directement à leur survie.

Modifier les conditions abiotiques des hibernacles est une stratégie intéressante, mais qui comporte certaines contraintes. Bien que la différence des palettes de conditions abiotiques utilisables par le champignon et par deux espèces potentielles, la petite chauve-souris brune et la chauve-souris pygmée de l'Est, soit faible, il est possible que cette approche fonctionne malgré tout pour ces dernières. Cependant, cela n'est pas le cas pour les autres chauves-souris québécoises atteintes du SMB. La pipistrelle de l'Est préfère des conditions d'hibernation plus chaude que ses congénères, entre 6°C et 9°C, et avec une humidité relative très élevée (Naughton, 2012). La chauve-souris nordique hiberne dans des cavernes à des températures situées entre 4°C et 12°C (Kaarakka et autres, 2013b) et où l'humidité peut être si élevée qu'il se forme des gouttelettes d'eau sur son pelage (Prescott et Richard, 2013). La grande chauve-souris brune, bien que moins affectée que les autres par le SMB, hiberne habituellement dans des conditions variant entre 4°C et 12°C et à une humidité élevée (Kaarakka et autres, 2013a). Les préférences thermiques et d'humidité de ces trois dernières espèces sont donc intimement liées aux conditions optimales de croissance du champignon, ce qui laisse croire que cette stratégie n'est pas adéquate pour elles. De plus, il ne faut négliger le fait que les deux espèces qui ont le potentiel d'être concernée par cette stratégie peuvent hiberner avec d'autres espèces qui ne pourraient pas tolérer ces conditions, dont particulièrement la chauve-souris nordique, qui hiberne souvent aux côtés d'espèces différentes (Naughton, 2012). Ainsi, en modifiant les conditions abiotiques des hibernacles pour certaines espèces, il y a un risque de nuire aux autres espèces.

Éliminer les chauves-souris atteintes est la stratégie la moins performante de toute cette orientation et ce, pour plusieurs raisons. Même dans le cas où tous les éléments essentiels à l'efficacité de cette stratégie seraient présents, soit que l'agent pathogène ne provienne pas d'objets inertes, que les cas de SMB soient diagnostiqués à coup sûr, que la proportion des individus affectés éliminés soit suffisamment élevée et que la population saine restante soit isolée, l'élimination des chauves-souris ne semble pas être une approche à préconiser. D'abord, l'élimination d'animaux sauvages touchés par une maladie obtient souvent moins de succès que pour les animaux d'élevage. En effet, les retards dans le diagnostic, ainsi que l'incapacité de contrôler ni les facteurs environnementaux, ni l'exposition de la maladie, sont tous des éléments qui témoignent de la difficulté de cette approche. Également, éliminer les chauves-souris qui semblent atteintes par le SMB peut résulter en la mort d'individus résistants au syndrome, ce qui serait très néfaste pour la survie des populations, puisque ces chauves-souris peuvent détenir des gènes particuliers qui auraient tout intérêt à être transmis aux prochaines générations. Aussi, la création d'un cordon sanitaire, c'est-à-dire une division entre les populations saines et celles propices au SMB, serait difficile, puisque la propagation du syndrome est déjà très vaste. Fait important à considérer, l'abattage des chauves-souris peut être perçu négativement par le public, ce qui peut être un obstacle majeur pour la mise en place de ce genre de stratégie. (Foley et autres, 2011)

De plus, une étude tend à démontrer que cette stratégie aurait une efficacité réduite pour contrer le SMB, en particulier s'il s'avère que les chauves-souris atteintes sont porteuses de l'agent infectieux une ou deux années avant de développer des symptômes notables attribuables au SMB. D'après des simulations, l'élimination ne pourrait pas contrôler le syndrome, principalement parce que les taux de contact sont trop élevés chez les chauves-souris qui vivent en colonie, ce qui est le cas chez la majorité des espèces atteintes par le SMB. Aussi, les contacts peuvent survenir dans plusieurs habitats différents, comme les hibernacles, les sites de maternité et les nichoirs, et le mouvement des chauves-souris entre les sites infectés et les sites sains font en sorte que l'élimination de certains individus atteints, même s'il s'agit de colonies complètes durant leur hibernation, n'aurait pas d'impact significatif sur le contrôle de la maladie. En fait, ce genre de stratégies a de meilleures chances de succès lorsque l'épidémie est confinée dans une région restreinte, comme sur une île, ce qui n'est pas du tout le cas du SMB. (Hallam et McCracken, 2011)

Somme toute, si l'élimination est retenue comme étant une stratégie à mettre de l'avant pour conserver les chauves-souris, il est important de prendre plusieurs précautions. Avant tout, des modèles rigoureux d'évolution de la maladie au sein des populations doivent justifier cette stratégie. Aussi, il est primordial que de la recherche sur le SMB se poursuive en parallèle, en particulier en ce qui concerne l'existence de réservoirs et d'hôtes alternatifs, les moyens et les niveaux de transmission du syndrome, les possibilités de récupération de la maladie et d'immunité, ainsi que les différents niveaux de sensibilité entre les différentes espèces hôtes. (Foley et autres, 2011)

6.5.2. Discussion des résultats des stratégies visant la conservation d'habitats propices aux chauves-souris

La deuxième orientation est celle comportant le moins de stratégies. Or, elles ne sont pas moins pertinentes pour autant, car la perte d'habitat est une menace sérieuse qui touche toutes les espèces de chauves-souris. Il s'agit de l'orientation ayant la performance globale la plus élevée. Cela s'explique surtout parce qu'en général, les stratégies y étant proposées ont une probabilité d'efficacité très élevée, qu'elles concernent une bonne majorité des espèces et qu'il n'est pas très complexe de les mettre en place. Même les critères les moins bien notés le sont dans des proportions moins critiques que pour les autres orientations, ce qui peut expliquer sa performance globale très intéressante. Le plus grand désavantage de cette orientation est lié à une capacité plus faible de générer des impacts positifs à court terme, car ce type de stratégies requiert souvent un délai avant d'afficher des résultats concrets.

Optimiser le paysage agricole est une stratégie qui peut s'avérer moins complexe que l'optimisation de l'aménagement forestier. À titre d'exemple, conserver la présence d'arbres et d'arbustes sur les pointes des champs est une mesure qui requiert peu d'effort et qui ne nuit pas à la rentabilité des activités de l'agriculteur. En effet, ces parcelles de terrain sont souvent peu productives et difficilement accessibles à la machinerie agricole qui est de plus en plus large. Elles ont tout avantage à être laissées au naturel pour encourager la présence de chauves-souris, qui sont d'excellents prédateurs des insectes nuisibles aux cultures. (Lamoureux et Dion, 2014)

Protéger les infrastructures humaines utilisées par les chauves-souris est la stratégie la plus performante de la deuxième orientation parce qu'elle peut être grandement efficace, peu coûteuse et simple à mettre en place, en particulier pour les bâtiments inutilisés qui ne dérangent pas les gens habitant les environs. Le désavantage le plus important de cette stratégie repose sur le fait qu'elle ne concerne que les espèces de chauves-souris qui sont à l'aise de s'installer dans des infrastructures anthropiques, ce qui exclut particulièrement les espèces strictement arboricoles, soit la chauve-souris argentée, la chauve-souris cendrée et la chauve-souris rousse (Tremblay et Jutras, 2010).

L'installation de nichoirs est une stratégie simple, peu coûteuse, pouvant avoir une incidence rapide sur les chauves-souris et ayant un grand potentiel d'efficacité. Néanmoins, elle n'est pas adéquate pour toutes les espèces de chauves-souris présentes au Québec, puisque les espèces strictement arboricoles ne sont pas attirées par ce type d'infrastructures. Concrètement, les nichoirs semblent surtout efficaces pour la grande chauve-souris brune, la petite chauve-souris brune, la chauve-souris nordique et la pipistrelle de l'Est (Tuttle et autres, 2013). Bien que la chauve-souris pygmée de l'Est ne soit pas répertoriée dans cette énumération, il est probable qu'elle soit aussi concernée puisqu'il lui arrive de nicher dans des bâtiments et qu'il s'agit d'une espèce apparentée à la petite chauve-souris brune et à la chauve-souris nordique (Tremblay et Jutras, 2010). Aussi, pour inciter les gens à installer des petits nichoirs sur leurs terrains, ou les villes à en installer de plus gros modèles dans des endroits spécifiques, il pourrait être intéressant de proposer des incitatifs financiers comme des réductions d'impôts ou des subventions. Idéalement, fournir des nichoirs déjà construits serait une bonne façon d'encourager leur mise en place, car cela facilite grandement l'effort à déployer par le citoyen. Advenant le cas où cela serait impossible, la rédaction et la distribution d'un manuel de la trempe de celui publié par BCI (Tuttle et autres, 2013) seraient un excellent moyen de promouvoir l'installation de nichoirs à chauve-souris.

6.5.3. Discussion des stratégies visant l'atténuation des impacts des activités humaines

La troisième orientation comporte des stratégies qui ont toutes l'avantage de concerner l'ensemble des espèces du Québec, hormis une seule d'entre elles qui ne vise que les espèces migratrices. À noter également que toutes les stratégies reliées à la diminution de l'utilisation de pesticides ont le désavantage commun de nécessiter un certain temps avant que des bénéfices directs pour les chauves-souris soient ressentis. Tout comme les stratégies liées au SMB, un désavantage notable des stratégies de cette troisième orientation est lié aux coûts importants que certaines d'entre elles requièrent. Néanmoins, la performance globale de cette orientation est plutôt élevée; elle termine au deuxième rang à ce propos. Ceci suggère donc qu'il s'agit de stratégies intéressantes, majoritairement efficaces et pouvant être utilisées dans plusieurs circonstances.

Revégétaliser les bandes riveraines est une stratégie plutôt performante et il est intéressant de noter qu'elle est la seule de sa catégorie qui agit comme barrière de protection, au lieu d'agir à titre préventif comme les quatre précédentes. Elle apparait donc comme essentielle en cas de déversement accidentel de pesticides ou si la diminution de l'utilisation de pesticides n'est pas respectée. Pour cette dernière raison, il serait judicieux de la considérer afin de s'assurer d'avoir une influence sur la diminution de pesticides à différents niveaux.

Comme la stratégie d'éviter d'installer des éoliennes dans les couloirs migratoires concerne principalement les espèces migratrices, son grand désavantage réside en sa complexité. En effet, il est primordial d'identifier les couloirs de migration des chauves-souris avant de les imposer comme contrainte à l'industrie éolienne. Comme ces données ne sont pas encore clairement établies, il faut d'abord investir dans un meilleur suivi des populations de chauves-souris. Dès que cela sera chose faite, cette stratégie gagnera en importance.

Arrêter le mouvement des éoliennes lors de vents faibles est une des stratégies les plus performantes de toute cette orientation. Par contre, son grand désavantage est lié aux coûts, puisqu'elle provoque nécessairement une baisse de revenus lorsque les pales d'éolienne cessent d'être en fonction. Cependant, considérant le fait que des vents faibles produisent moins d'électricité, il y a possibilité d'arriver à des ententes raisonnables avec l'industrie éolienne.

Installer des structures de traverse routière est la stratégie qui apparait la moins prioritaire de cette orientation. Bien que l'idée derrière cette stratégie est intéressante, surtout parce qu'elle touche toutes les espèces du Québec et qu'elle n'est pas très compliquée à mettre en place, cette dernière n'a pas encore démontré une très grande efficacité dans les endroits où elle a été testée. Son coût d'implantation peut aussi être élevé, tout dépendamment du nombre et du type de structures de traverse routière choisies. Cependant, la possibilité d'utiliser des ponts verts, l'approche du « *Hop over* » et des passages souterrains à hauteur adéquate pour les chauves-souris conservent un certain potentiel de succès puisqu'il s'agit de mesures peu expérimentées.

La performance totale de la stratégie d'optimiser l'aménagement des cavernes touristiques n'est pas très élevée, en particulier à cause de son efficacité qui ne peut être totalement idéale. En effet, la présence même de touristes reste un élément potentiellement perturbateur pour les chauves-souris. Néanmoins, il est important de noter que l'écotourisme n'est pas à proscrire pour autant. En effet, permettre aux gens de visiter les habitats des chauves-souris peut améliorer leur compréhension de ces animaux et susciter leur intérêt envers ces derniers, ce qui contribue à atteindre l'objectif d'augmenter l'acceptabilité sociale de leur conservation (Pennisi et autres, 2004).

6.5.4. Discussion des stratégies visant l'appui du public

La dernière orientation renferme des stratégies qui détiennent l'avantage commun de concerner l'ensemble des espèces de chauves-souris présentes au Québec, tout comme celles de l'orientation précédente. Aussi, toutes les stratégies proposées semblent être plutôt performantes au niveau des coûts puisque ce type de stratégies ne requiert que peu d'investissements. Par contre, elles ont le désavantage d'être très peu performantes quant à leur capacité de générer des impacts positifs à court terme, puisqu'impliquer les gens nécessitent beaucoup de temps. En général, un certain temps s'écoule avant la mise en place d'actions concrètes pouvant aider les chauves-souris. De plus, leur performance au niveau de l'efficacité reste relativement faible, puisque toutes ces stratégies peuvent aider celles se retrouvant dans les autres orientations, sans engendrer elles-mêmes d'actions concrètes pour rétablir ou maintenir les populations de chauves-souris. Toutefois, il est important de considérer que l'efficacité, les coûts, le temps requis et la complexité de ces stratégies peuvent tous varier selon les outils de communication sélectionnés pour chacune d'entre elles. Somme toute, la performance globale de cette orientation reste intéressante, bien qu'elle soit au troisième rang, parce qu'elle a le potentiel d'augmenter la performance des trois autres orientations.

Produire des documents d'information générale est une stratégie plutôt intéressante parce qu'elle est simple. Malgré les apparents progrès à propos du niveau de connaissances sur les chauves-souris suggérés par le sondage, cette stratégie demeure intéressante à considérer, car il suffit parfois d'un seul mythe ou d'une fausse croyance pour plomber l'acceptabilité sociale. Aussi, d'après les résultats du sondage, il serait intéressant de porter une attention particulière au sujet des habitudes d'utilisation de gîtes des chauves-souris, puisqu'il s'agit d'un aspect qui semble moins bien connu des gens.

Enfin, diffuser des nouvelles sur la situation des chauves-souris est une stratégie peu performante qui peut perdre de son efficacité dans les cas où aucune nouvelle positive ne semble paraitre à propos des chauves-souris sur une longue période de temps, ce qui peut avoir comme effet de décourager les gens à s'investir dans sa conservation. Il est donc important de miser sur la publication de chaque petite action positive, même si elle peut paraitre anodine, pour encourager et soutenir l'intérêt du public et éviter de mettre l'emphase sur des situations plus négatives.

7. RECOMMANDATIONS

À la lumière des résultats de l'analyse multicritère, il apparait que certaines stratégies seraient plus intéressantes à mettre en place en priorité, grâce à leur meilleure performance en comparaison avec les autres. Néanmoins, il est impératif de ne pas négliger l'importance relative des orientations en lien avec la gravité des menaces auxquelles elles sont reliées lorsqu'il est question de sélectionner certaines stratégies à mettre en branle. L'idéal serait de toutes les mettre en place le plus rapidement possible, mais certaines contraintes, qu'elles soient d'ordre budgétaire, temporel ou logistique, peuvent empêcher une telle initiative. L'analyse multicritère a permis d'établir un ordre de priorité de mise en œuvre des stratégies, au sein de chacune des orientations, en fonction de leur performance totale attribuée selon cinq critères qui ont réussi à faire ressortir les forces et les faiblesses de chacune d'entre elles. Ainsi, ce dernier chapitre recommande d'abord les stratégies à mettre en place en priorité pour chacune des orientations, puis propose quelques recommandations supplémentaires devant être considérées pour optimiser le succès de la mise en œuvre d'un programme de conservation des chauves-souris.

Pour chacune des orientations à l'étude, certaines stratégies se démarquent plus que les autres grâce à leur performance accrue. Elles représentent toutes celles ayant reçu un pointage plus élevé que la moyenne, soit la performance globale de l'orientation. Elles constituent donc les stratégies les mieux adaptées pour rétablir et maintenir les populations de chauves-souris et sont celles qui seraient recommandées en priorité dans un programme de conservation.

Pour l'orientation qui englobe les stratégies visant la diminution des effets du SMB, cinq stratégies sur neuf ont obtenu une performance supérieure à la moyenne de leur orientation. En ordre de performance, il s'agit d'éviter la propagation du champignon par l'humain, d'installer des refuges thermiques dans les hibernacles, de traiter les chauves-souris atteintes, de poursuivre les recherches fondamentales sur le SMB et d'utiliser un fongicide sur les parois des cavernes.

Pour l'orientation qui englobe les stratégies visant la conservation d'habitats propices aux chauves-souris, trois stratégies sur cinq ont obtenu une performance supérieure à la moyenne de leur orientation. En ordre de performance, il s'agit de protéger les infrastructures humaines utilisées par les chauves-souris, d'installer des nichoirs artificiels et d'optimiser l'aménagement forestier.

Pour l'orientation qui englobe les stratégies visant l'atténuation des impacts des activités humaines, cinq stratégies sur treize ont obtenu une performance supérieure à la moyenne de leur orientation. En ordre de performance, il s'agit de réduire l'éclairage extérieur, d'interdire l'utilisation de caméras dans les cavernes, de restreindre l'accès aux cavernes occupées par les chauves-souris, d'arrêter le mouvement des éoliennes lors de vents faibles et d'éviter d'installer des éoliennes en milieu forestier.

Pour l'orientation qui englobe les stratégies visant l'appui du public, quatre stratégies sur sept ont obtenu une performance supérieure à la moyenne de leur orientation. En ordre de performance, il s'agit d'informer les gens sur les avantages découlant de la conservation des chauves-souris, d'informer les gens sur leur capacité à participer à la conservation des chauves-souris, d'établir un plan de communication et de produire des documents d'information générale.

Comme il serait très surprenant que les instances concernées puissent mettre en place toutes les stratégies proposées du même coup, il est recommandé de considérer que certaines stratégies deviennent beaucoup plus efficaces lorsqu'elles sont accompagnées, en parallèle, par d'autres stratégies afin d'optimiser leurs résultats escomptés. À titre d'exemple, la stratégie d'installer des nichoirs est très performante, mais elle doit être accompagnée d'autres mesures pour pallier la perte d'habitats qui affecte toutes les espèces de chauves-souris du Québec. Elle devrait aussi être accompagnée de stratégies de la quatrième orientation, telles qu'informer les gens sur leur capacité à participer à la conservation des chauves-souris, pour impliquer davantage le public dans le projet ainsi qu'augmenter le nombre de nichoirs installés et l'acceptabilité sociale de cette stratégie.

Cet exemple fait ressortir une autre recommandation pertinente, soit celle de combiner des stratégies de différentes orientations pour optimiser l'ensemble de l'initiative. Comme il n'est pas possible de prédire si une raison du déclin gagne ou perd en importance dans le temps, il est judicieux de mettre en place plusieurs stratégies issues de différentes orientations pour s'assurer d'un impact maximal en toutes circonstances. Aussi, il est recommandé de mettre en place des stratégies visant l'appui du public en parallèle avec la majorité des stratégies des autres orientations, pour améliorer l'acceptabilité sociale et, par le fait même, les chances de succès de ces dernières. Seules les stratégies indépendantes de l'implication de la population, telle que la poursuite des recherches fondamentales sur le SMB, n'auraient pas d'avantages significatifs à être accompagnées de mesures incitant l'appui du public, à moins que des campagnes de financement soient requises pour les mettre en place.

En définitive, une réflexion sérieuse est de mise avant de mettre en pratique quelque stratégie de maintien ou de rétablissement que ce soit. Dans tous les cas, il est nécessaire de considérer les bénéfices versus les risques que chaque stratégie peut engendrer. Cette considération est particulièrement importante pour les stratégies pouvant engendrer des effets drastiques ou même irréversibles sur les populations de chauves-souris atteintes du SMB, en permettant une survie des individus atteints ou, au contraire, en les éliminant. Ceci dit, la précaution reste nécessaire pour toutes les stratégies, même pour celles apparaissant inoffensives, puisque des imprévus peuvent survenir à tous moments et à différents niveaux. Aussi, il est impératif de poursuivre les recherches sur les chauves-souris, car il y a encore de nombreux mystères à leur propos qui doivent être résolus afin d'optimiser les stratégies pour leur venir en aide. Enfin, il est nécessaire de faire de meilleurs suivis de leurs populations, car trop peu de données sont disponibles à ce propos et il s'agit d'informations essentielles à plusieurs égards.

Dans une autre optique, il est aussi recommandé d'avoir recours au marketing social pour augmenter les chances de réussite d'un programme de conservation. Les différentes stratégies proposées, en particulier celles visant l'appui du public, auraient avantage à être ponctuées de marketing social. Plus l'acceptabilité sociale du projet est élevée, plus il est facile de mettre en place des stratégies de conservation. Comme il en a été question plus tôt, il est nécessaire de mettre en place plusieurs stratégies associées aux différentes orientations afin d'obtenir un impact significatif sur la situation actuelle des chauves-souris au Québec.

Il est aussi pertinent de s'appuyer sur le modèle logique « *The Pride Campaign Model* » proposé par l'organisme RARE, présenté au chapitre 4, pour mener à bien une campagne d'éducation en conservation. Cette approche, en plus de sensibiliser et d'informer la population, peut l'encourager à s'impliquer dans le projet et éventuellement récolter des dons pour soutenir les stratégies de conservation qui sont vitales au rétablissement et au maintien des populations de chauves-souris. Il est important de ne pas ignorer que l'aspect financier est souvent un frein dans l'élaboration et la mise en place de projets, ce qui inclut aussi l'établissement d'un programme de conservation. Avoir accès à un capital financier intéressant peut faire toute la différence dans ce genre d'initiative. De plus, il apparait que les stratégies les plus efficaces sont souvent associées aux coûts les plus importants, ce qui peut nuire à leur mise en place. Un exemple éloquent de cette situation est associé aux stratégies visant la diminution des effets du SMB : elles représentent les stratégies ayant eu la moyenne la plus basse quant au critère des coûts alors que la moyenne de leur efficacité est plutôt performante et que, surtout, leur importance relative est très élevée dû à l'intensité des ravages de ce syndrome.

Enfin, une dernière recommandation est liée à la nécessité de consulter et d'intégrer les nombreuses parties prenantes dès les débuts du projet de conservation des chauves-souris pour augmenter les chances de succès de ce dernier. Par ailleurs, il est important de ne pas négliger que ce ne sont pas toutes les parties prenantes qui peuvent agir au même titre pour les différentes stratégies proposées.

Les citoyens représentent une partie prenante très sollicitée pour plusieurs stratégies, en particulier pour protéger des infrastructures pouvant servir de gîtes aux chauves-souris, installer des nichoirs artificiels, réduire l'éclairage extérieur, adopter de bons comportements lors de la visite de cavernes et pour entretenir écologiquement leur pelouse en évitant l'utilisation de pesticides. Aussi, toutes les stratégies de la quatrième orientation sont spécifiquement énoncées à l'intention des citoyens. Il est donc essentiel de les intégrer et de les consulter sans quoi il est probable que ces dernières stratégies soient beaucoup moins efficaces. Les gens doivent être disposés et enclins à recevoir de l'information, sinon, ils risquent de ne pas y prêter attention ou de ne pas leur attribuer la moindre importance. Pour les stratégies de la première orientation, ce sont surtout les scientifiques qui peuvent les mettre en place, bien qu'ils aient besoin de l'appui financier d'organismes ou du gouvernement. Dans ce cas-ci, les citoyens ne peuvent pas contribuer significativement aux succès de ces stratégies, si ce n'est qu'en appuyant des décisions politiques d'injecter plus d'argent dans la recherche scientifique ou en faisant attention de ne pas propager les spores de *G. destructans*. Les municipalités représentent une autre partie prenante primordiale pour le succès de nombreuses stratégies. Elles ont la possibilité et le pouvoir d'adopter des règlementations ainsi que de mettre en place plusieurs des stratégies pouvant aider les populations de chauves-souris à se maintenir et à se rétablir. Aussi, il ne faut pas négliger les entrepreneurs forestiers et les agriculteurs qui sont les principaux intéressés pour influencer le succès de l'optimisation de l'aménagement forestier et du paysage agricole. Les promoteurs de projets éoliens sont aussi très importants à consulter et à intégrer dans un tel projet de conservation, puisqu'ils sont directement concernés par toutes les stratégies visant l'optimisation de l'installation et du fonctionnement des éoliennes. Enfin, le gouvernement, les organismes à but non lucratif à vocation environnementale ou encore les institutions comme le Biodôme de Montréal et les différents établissements zoologiques du Québec sont tous des instances pouvant jouer un rôle clé dans la mise en place des stratégies d'un programme de conservation des chauves-souris et il est plus qu'important de les inclure dans tout le processus.

Ainsi, tous ces exemples rappellent qu'il est impératif de considérer chacune des parties prenantes et de garder en tête qu'elles peuvent avoir des effets sur le projet à différents niveaux et à diverses importances selon leur intérêt et leur influence. Aussi, ces dernières pouvant fluctuer tout au long du projet, il est conseillé de tenir à jour une liste de l'ensemble des parties prenantes susceptibles d'être impliquées dans chacune des stratégies et de se questionner quant au rôle qu'elles peuvent avoir dans leur aboutissement.

CONCLUSION

Au cours de l'essai, il a été démontré que les chauves-souris du Québec vivent actuellement de grands déclins au sein de leurs populations et que cette situation est alarmante pour plusieurs raisons. Bien que certaines espèces de chauves-souris soient plus gravement menacées que d'autres, elles ont toutes leur importance et elles devraient pouvoir bénéficier d'un environnement sain pouvant assurer leur prospérité.

L'objectif général de cet essai était de proposer et de prioriser des stratégies visant le rétablissement et le maintien des populations de chauves-souris du Québec. Pour y arriver, sept objectifs spécifiques devaient être atteints.

D'abord, le portrait des espèces de chauves-souris vivant au Québec a été dressé pour exposer clairement leur état de précarité afin d'avoir l'heure juste quant à leur statut officiel, et aussi pour présenter leurs caractéristiques spécifiques à chacune d'entre elles. Ces informations ont permis une meilleure compréhension de ce que la situation actuelle implique sur chacune des espèces.

Ensuite, les principales raisons du déclin des populations ont été identifiées puis détaillées, afin de présenter les avenues sur lesquelles il est impératif d'agir pour limiter et contrer le déclin et maintenir les populations de chauves-souris. Ces menaces se résument en le syndrome du museau blanc, la perte et la fragmentation des habitats ainsi qu'en les activités humaines, dont essentiellement l'utilisation de pesticides, les éoliennes, les routes, les installations lumineuses ainsi que la spéléologie et toute autre activité touristiques pouvant altérer le bien-être des chauves-souris.

Puis, les impacts économiques, sociaux et environnementaux de ce déclin au Québec ont été exposés pour démontrer toute l'ampleur de la problématique et ainsi justifier l'importance de mettre en place des stratégies de rétablissement et de maintien des chauves-souris.

Aussi, le rôle de l'appui du public dans le rétablissement et le maintien d'espèces à statut précaire a été présenté, car il s'agit d'un sujet particulièrement relié à la situation des chauves-souris. En effet, leur manque de charisme peut représenter une véritable barrière dans l'obtention de l'appui du public dans une perspective de mettre en place des stratégies de conservation.

À la lumière de toutes ces informations, un inventaire des stratégies pouvant être utilisées pour rétablir et maintenir les populations de chauves-souris au Québec a été établi. Au total, trente-quatre stratégies ont été proposées.

Après quoi, chacune de ces stratégies a été analysée dans l'optique de les hiérarchiser selon leur performance quant à leur potentiel d'encourager la survie des chauves-souris ou d'augmenter l'acceptabilité sociale face à un projet de conservation de ces animaux.

Enfin, des recommandations ont été émises quant aux stratégies devant être mises en place en priorité et aux précautions et mesures supplémentaires qui devraient être considérées pour optimiser le succès des différentes stratégies.

Par ailleurs, il serait intéressant d'élaborer un plan de rétablissement pour les chauves-souris ou, du moins, pour les espèces les plus précaires, afin de signifier aux autorités provinciales la pertinence et l'urgence d'agir le plus rapidement possible pour rétablir et maintenir les populations de chiroptères du Québec. Le présent essai a permis d'exposer de nombreuses informations qui pourraient être utiles à l'élaboration d'un tel plan, tel que le portrait des espèces, les raisons potentielles de leur déclin et, surtout, les stratégies pouvant être mises en place pour rétablir et maintenir les populations de chauves-souris du Québec. Aussi, il pourrait être très pertinent que le statut menacé ou vulnérable conféré par la LEMV soit attribué aux chauves-souris les plus durement atteintes, ce qui n'est toujours pas chose faite pour aucune des espèces de chauves-souris du Québec et ce, malgré les grands déclins décelés chez certaines espèces qui sont grandement affectées par le SMB. Ce dernier constat est particulièrement surprenant pour la petite chauve-souris brune et la chauve-souris nordique, qui sont deux espèces ayant perdu la grande majorité de leurs populations connues, surtout en considérant qu'elles sont désignées comme étant en voie de disparition au fédéral. Il est légitime de se questionner sur la pertinence des raisons qui motivent cette immobilité. Néanmoins, la conservation de toutes les espèces de chauves-souris du Québec reste vitale, car elles ont toutes leurs rôles à jouer pour maintenir l'équilibre dans les écosystèmes et elles rendent des services écologiques inestimables aux Québécois.

Finalement, la protection des milieux naturels, qui englobe tous les organismes vivants s'y retrouvant, est un enjeu indéniablement important auquel il est plus que temps de s'attarder plus sérieusement. Éduquer les gens sur l'importance de la conservation des chauves-souris est intiment relié à l'importance de la biodiversité en générale. Ainsi, faire des efforts pour obtenir l'appui du public pour un projet de conservation des chiroptères pourrait avoir un effet positif sur d'autres espèces à statut précaire, ou encore plus globalement, sur la protection de l'environnement en général, ce qui pourrait être très bénéfique pour la qualité de vie de tous.

RÉFÉRENCES

Acharya, L. et Fenton, M.B. (1992). Echolocation behaviour of vespertilionid bats (*Lasiurus cinereus* and *Lasiurus borealis*) attacking airborne targets including arctiid moths. *Canadian journal of zoology*, vol. 70, n° 7, p. 1292-1298.

Agosta, S.J. (2002). Habitat use, diet and roost selection by the big brown bat (*Eptesicus fuscus*) in North America: A case for conserving an abundant species. *Mammal Review*, vol. 32, n° 3, p. 179-198.

Allen, G. M. (2004). *Bats : Biology, Behavior and Folklore*. Mineola, Dover publications Inc., 432 p.

Altringham, J. D. (2011). *Bats From Evolution to Conservation*. 2e edition, New York, Édition Oxford University Press, 324 p.

Arlettaz, R., Godat, S. et Meyer, H. (2000). Competition for food by expanding pipistrelle bat populations (*Pipistrellus pipistrellus*) might contribute to the decline of lesser horseshoe bats (*Rhinolophus hipposideros*). *Biological Conservation*, vol. 93, n° 1, p. 55-60.

Arnett, E.B. (2005). *Relationships between bats and wind turbines in Pennsylvania and West Virginia: an assessment of bat fatality search protocols, patterns of fatality, and behavioral interactions with wind turbines*. (Rapport final soumis au Bats and Wind Energy Cooperative). Austin, Bat Conservation International, 168 p.

Arnett, E.B., Brown, W.K., Erickson, W.P., Fiedler, J.K., Hamilton, B.L., Henry, T.H., Jain, A., Johnson, G.D., Kerns, J., Koford, R.R., Nicholson, C.P., O'Connell, T.J., Piorkowski, M.D. et Tankersley Jr., R.D. (2008). Patterns of bat fatalities at wind energy facilities in North America. *Journal of Wildlife Management*, vol. 72, n° 1, p. 61-78.

Australia Zoo (s. d.). Tasmanian Devils Conservation. *In* Australia Zoo. *Projects*. http://www.australiazoo.com.au/conservation/projects/tasmanian-devils/ (Page consultée le 22 mars 2015).

Bacardi (2014). La chauve-souris. *In* Bacardi. *Notre histoire*. http://www.bacardi.com/ca-fr/heritage/our-story (Page consultée le 26 février 2015).

Baerwald, E.F., D'Amours, G.H., Klug, B.J. et Barclay, R.M.R. (2008). Barotrauma is a significant cause of bat fatalities at wind turbines. *Current Biology,* vol. 18, n° 16, p. R695-R696.

Baker, C.J., Smith, G.E., Balleri, A., Holderied, M. et Griffiths, H.D. (2014). Biomimetic echolocation with application to radar and sonar sensing. *Proceedings of the IEEE,* vol. 102, n° 4, p. 447-458.

Bank, F. (2002). The Scan of the Wild. *Publics Roads*, vol. 66, n°3, p. 2-5.

Barclay, R.M.R. et Harder, L.M. (2003). Life histories of bats: Life in the slow lane. In Kunz, T.H. et Fenton, M.B., Bat Ecology (p. 209-253). Chicago, University of Chicago Press.

Bat Conservation International (BCI) (2014). Misunderstood. *In* Bat Conservation International. *Why bats?* http://www.batcon.org/why-bats/bats-are/bats-are-misunderstood (Page consultée le 27 novembre 2014).

Bat Conservation International (BCI) (s. d.). Congress Avenue Bridge. *In* Bat Conservation International. *Our work.* http://www.batcon.org/index.php/our-work/regions/usa-canada/protect-mega-populations/ cab-intro (Page consultée le 13 avril 2015).

Bennett, V. J., Sparks, D. W. et Zollner, P. A. (2013). Modeling the indirect effects of road networks on the foraging activities of bats. *Landscape Ecology*, vol. 28, p. 979-991.

Berthinussen, A. et Altringham, J. (2012a). Do Bat Gantries and Underpasses Help Bats Cross Roads Safely? *PloS ONE*, vol. 7, n°6, p. 1-9.

Berthinussen, A. et Altringham, J. (2012b). The effect of a major road on bat activity and diversity. *Journal of Applied Ecology,* vol. 49, n° 1, p. 82-89.

Bérubé, C. (24 février 2015). *Activité « Chauves-souris et compagnie ».* Courrier électronique à Christine Dumouchel, adresse destinataire : christine.dumouchel@usherbrooke.ca

Bioparc de la Gaspésie (2014). Chauve-souris de A à Z. *In* Bioparc de la Gaspésie. *Programme éducatif.* http://www.bioparc.ca/programme-educatif.html (Page consultée le 23 février 2015).

Blehert, D.S., Hicks, A.C., Behr, M., Meteyer, C.U., Berlowski-Zier, B.M., Buckles, E.L., Coleman, J.T.H., Darling, S.R., Gargas, A., Niver, R., Okoniewski, J.C., Rudd, R.J. et Stone, W.B. (2009). Bat white-nose syndrome: An emerging fungal pathogen? *Science,* vol. 323, n° 5911, p. 227.

Boisseau, G. (2014) Le syndrome du museau blanc : une maladie galopante qui menace la survie des chauves-souris hibernantes. *InVivo*, vol.34, n°2, p.6-8.

Bowen-Jones, E. et Entwistle, A. (2002). Identifying appropriate flagship species: The importance of culture and local contexts. *Oryx,* vol. 36, n° 2, p. 189-195.

Boyles, J.G. et Willis, C.K.R. (2010). Could localized warm areas inside cold caves reduce mortality of hibernating bats affected by white-nose syndrome? *Frontiers in Ecology and the Environment,* vol. 8, n° 2, p. 92-98.

Boyles, J.G., Cryan, P.M., McCracken, G.F. et Kunz, T.H. (2011). Economic importance of bats in agriculture. *Science,* vol. 332, n° 6025, p. 41-42.

Brigham, R.M., Grindal, S. D., Firman, M.C. et Morissette, J.L. (1997). The influence of structural clutter on activity patterns of insectivorous bats. *Canadian journal of zoology,* vol. 75, n° 1, p. 131-136.

Caceres, M. C. et Barclay, M. R. (2000). *Myotis septentrionalis. Mammalian Species,* vol. 634, p. 4-4.

Caillet, R. (2003). *Analyse multicritère : Étude et comparaison des méthodes existantes en vue d'une application en analyse de cycle de vie.* Montréal, Centre interuniversitaire de recherche en analyse des organisations, 51 p.

Canada. Comité sur la situation des espèces en péril au Canada (COSEPAC) (2013a). *Espèces sauvages canadiennes en péril.* Gatineau, COSEPAC, 115 p.

Canada. Comité sur la situation des espèces en péril au Canada (COSEPAC) (2013b). *Évaluation et Rapport de situation du COSEPAC sur la petite chauve-souris brune (Myotis lucifugus), chauve-souris nordique (Myotis septentrionalis) et la pipistrelle de l'Est (Perimyotis subflavus) au Canada.* Gatineau, COSEPAC, 104 p.

Canada. Parcs Canada (2013). Qu'est-ce que la *Loi sur les espèces en péril? In* Parcs Canada. *Espèces en péril.* http://www.pc.gc.ca/fra/nature/eep-sar/itm1.aspx (Page consultée le 19 février 2015).

Canada. Ressources naturelles Canada (2014a). Répercussions économiques. *In* Ressources naturelles Canada. *Insectes et maladies.* http://www.rncan.gc.ca/forets/insectes-maladies/13388 (Page consultée le 18 février 2015).

Canada. Ressources naturelles Canada (2014b). Tordeuse des bourgeons de l'épinette (fiche d'information). *In* Ressources naturelles Canada. *Insectes et maladies.* http://www.rncan.gc.ca/forets/insectes-maladies/13404 (Page consultée le 18 février 2015).

Caro, T., Darwin, J., Forrester, T., Ledoux-Bloom, C. et Wells, C. (2012). Conservation in the Anthropocene. *Conservation Biology,* vol. 26, n° 1, p. 185-188.

Carter, T. C., Menzel, M. A. et Saugey, D. A. (2003). Population Trends of Solitary Foliage-Roosting Bats. *In* O'Shea, T. J. et Bogan, M. A., *Monitoring trends in bat populations of the United States and territories: problems and prospects* (p. 41-47). Washington, United States Geological Survey.

Centre d'expertise et de transfert en agriculture biologique et de proximité (CETAB+) (s. d.). Agriculture biologique. *In* CETAB+. *Grand public.* http://www.cetab.org/quest-ce-que-lagriculture-biologique (Page consultée le 9 avril 2015).

Clark Jr., D.R. (1988). How sensitive are bats to insecticides? Wildlife Society Bulletin, vol. 16, n° 4, p. 399-403.

Clark Jr., D.R. et Shore, R.F. (2001). Chiropetra. *In* Shore, R.F. et Rattner, B.A., Ecotoxicology of wild mammals (p. 159-214). New York, John Wiley & Sons.

Cleveland, C.J., Betke, M., Federico, P., Frank, J.D., Hallam, T.G., Horn, J., López Jr., J.D., McCracken, G.F., Medellín, R.A., Moreno-Valdez, A., Sansone, C.G., Westbrook, J.K. et Kunz, T.H. (2006). Economic value of the pest control service provided by Brazilian free-tailed bats in south-central Texas. *Frontiers in Ecology and the Environment,* vol. 4, n° 5, p. 238-243.

Clucas, B., McHugh, K. et Caro, T. (2008). Flagship species on covers of US conservation and nature magazines. *Biodiversity and Conservation,* vol. 17, n° 6, p. 1517-1528.

Conseil de l'industrie forestière du Québec (CIFQ) (2013). Industrie forestière en chiffres. *In* CIFQ. *Industrie.* http://www.cifq.com/fr/industrie/presentation-generale (Page consultée le 13 mars 2015).

Conseil patronal de l'environnement du Québec (CPEQ) (2012). *Guide des bonnes pratiques afin de favoriser l'acceptabilité sociale des projets.* (Guide de bonnes pratiques). Montréal, CPEQ, 52 p.

Conservation Centers for Species Survival (C2S2) (2011). Saiga antelope. *In* C2S2. *Species Conservation Priorities.* http://conservationcenters.org/conservation-research/saiga-antelope-2/ (Page consultée le 27 novembre 2014).

Corning, L. et Broders, H. (2006) *The range of the Eastern pipistrelles (Pipistrellus subflavus) in southwest Nova Scotia and an assessment of their local distribution as a function of abiotic, and site- and landscape-level factors* (Rapport de fin d'année – 2005) Halifax, Saint Mary's University Department of Biology, 36 p.

Cryan, P.M. (2003). Seasonal distribution of migratory tree bats (Lasiurus and Lasionycteris) in North America. *Journal of mammalogy,* vol. 84, n° 2, p. 579-593.

Cryan, P.M. (2008). Mating behavior as a possible cause of bat fatalities at wind turbines. *Journal of Wildlife Management,* vol. 72, n° 3, p. 845-849.

Cryan, P.M. et Barclay, R.M.R. (2009). Causes of bat fatalities at wind turbines: Hypotheses and predictions. *Journal of mammalogy,* vol. 90, n° 6, p. 1330-1340.

DC Comics (2015). The Dark Knight Batman. *In* DC Comics. *Characters.* http://www.dccomics.com/characters/batman (Page consultée le 26 février 2015).

Deakin, J. E. et Belov, K. (2012). A Comparative Genomics Approach to Understanding Transmissible Cancer in Tasmanian Devils. *Annual Review of Genomics and Human Genetics*, vol. 13, p. 207-222.

DeKay, M. L. et McClelland, G. H. (1996). Probability and Utility Components of Endangered Species Preservation Programs. *Journal of Experimental Psychology*, vol. 2, n°1, p. 60-83.

Desrosiers, N. (2015). Discussion au sujet de la situation des chauves-souris au Québec. Communication orale. *Entrevue téléphonique menée par Christine Dumouchel avec Nathalie Desrosiers, biologiste et coordonnatrice provinciale de l'équipe de rétablissement des chauves-souris au Ministère des Forêts, de la Faune et des Parcs (MFFP),* 23 janvier 2015, Sherbrooke.

Devil Island Project (s. d.). Who we are. *In* Devil Island Project. *About us.* http://www.savethetasmaniandevil.org. au/about-us/who-we-are/ (Page consultée le 22 mars 2015).

DevilArk (2012). Growing devil populations at DevilArk. *In* DevilArk. *Our work.* http://www.devilark.com.au/growing-population (Page consultée le 22 mars 2015).

DevilArk (2015). Why are the devils in rapid decline? *In* DevilArk. *What's going on?* http://www.devilark.com.au/devil-decline (Page consultée le 22 mars 2015).

DevilArk (s. d.a). Governance. *In* DevilArk. *About us.* http://www.devilark.com.au/governance (Page consultée le 22 mars 2015)

DevilArk (s. d.b). You can help save the devil from disappearing in the wild!. *In* DevilArk. *You can help.* http://www.devilark.com.au/support (Page consultée le 22 mars 2015).

Domaine Joly-De Lotbinière (2013). À la découverte des demoiselles de la nuit au domaine! *In* Domaine Joly-De Lotbinière. *Nouvelles.* http://www.domainejoly.com/fr/nouvelles/2013/07/04/a-la-decouverte-des-demoiselles-de-la-nuit-au-domaine/?utm_campaign=numerique-rss&utm_medium=rss&utm_source=rss&utm_content=noActualite-664 (Page consultée le 23 février 2015).

Drouin, G. (2011). Pas dans ma cour : inertie ou démocratie? *Revue Notre-Dame,* vol. 109, n°1, p. 10-25.

Équipe de rétablissement des cyprinidés et des petits percidés du Québec (2012). *Plan de rétablissement du méné d'herbe (Notropis bifrenatus) au Québec — 2012-2017,* (Document produit pour le compte du ministère des Ressources naturelles et de la Faune du Québec), Faune Québec, 34 p.

Équipe de rétablissement du caribou forestier du Québec (2013). *Plan de rétablissement du caribou forestier (Rangifer tarandus caribou) au Québec — 2013-2023,* (Document produit pour le compte du ministère du Développement durable, de l'Environnement, de la Faune et des Parcs du Québec), Faune Québec, 110 p.

Équipe de rétablissement du chevalier cuivré du Québec (2012). *Plan de rétablissement du chevalier cuivré (Moxostoma hubbsi) au Québec — 2012-2017,* (Document produit pour le compte du ministère des Ressources naturelles et de la Faune du Québec), Faune Québec, 55 p.

Ethier, K. et Fahrig, L. (2011). Positive effects of forest fragmentation, independent of forest amount, on bat abundance in eastern Ontario, Canada. *Landscape Ecology,* vol. 26, n° 6, p. 865-876.

Fabianek, F. et Provost, M.-C. (2014). Inventaire acoustique des chiroptères : une découverte préoccupante. *In* Société des établissements de plein air du Québec (Sépaq), *Bulletin de conservation 2013-2014* (p. 14-17). Québec, Réseau Sépaq.

Fang, J. (2010). Ecology: A world without mosquitoes. *Nature,* vol. 466, n° 7305, p. 432-434.

Farrow, L.J. et Broders, H.G. (2011). Loss of forest cover impacts the distribution of the forest-dwelling tri-colored bat (Perimyotis subflavus). *Mammalian Biology,* vol. 76, n° 2, p. 172-179.

Faure, P.A., Fullard, J.H. et Dawson, J.W. (1993). The gleaning attacks of the northern long-eared bat, Myotis septentrionalis, are relatively inaudible to moths. *Journal of Experimental Biology,* vol. 178, p. 173-189.

Federico, P., Hallam, T.G., McCracken, G.F., Purucker, S.T., Grant, W.E., Correa-Sandoval, A.N., Westbrook, J.K., Medellín, R.A., Cleveland, C.J., Sansone, C.G., López Jr., J.D., Betke, M., Moreno-Valdez, A. et Kunz, T.H. (2008). Brazilian free-tailed bats as insect pest regulators in transgenic and conventional cotton crops. *Ecological Applications,* vol. 18, n° 4, p. 826-837.

Fenton, M.B. (2003). Science and the conservation of bats: Where to next? *Wildlife Society Bulletin,* vol. 31, n° 1, p. 6-15.

Fenton, M.B. (2012). Bats and white-nose syndrome. *Proceedings of the National Academy of Sciences*, vol. 109, n°8, p. 6794-6795.

Fischer, G.-N. (2009). Normes sociales. *In* Psychologie & Société. *La psychologie sociale.* http://www.psychologie-et-societe.org/normes-sociales.aspx (Page consultée le 17 mai 2015).

Foley, J., Clifford, D., Castle, K., Cryan, P. et Ostfeld, R. S. (2011). Investigating and Managing the Rapid Emergence of White-Nose Syndrome, a Novel, Fatal, Infectious Disease of Hibernating Bats. *Conservation Biology,* vol. 25, n° 2, p. 223-231.

Forbes, G. (2012). *Résumé technique et données d'appui pour une évaluation d'urgence de la petite chauve-souris brune Myotis lucifugus* (résumé technique du Sous-comité des mammifères terrestres du COSEPAC). Comité sur la situation des espèces en péril au Canada (COSEPAC), 27 p.

Fournier, M. (2009) L'acceptabilité sociale - Un risque qui se gère. *Vecteur environnement*, vol. 20, n° 4, p. 31-32.

Frick, W.F., Pollock, J.F., Hicks, A.C., Langwig, K.E., Reynolds, D.S., Turner, G.G., Butchkoski, C.M. et Kunz, T.H. (2010). An emerging disease causes regional population collapse of a common North American bat species.*Science,* vol. 329, n° 5992, p. 679-682.

Furman, A. et Özgül, A. (2004). The distribution of cave-dwelling bats and conservation status of underground habitats in Northwestern Turkey. *Biological Conservation,* vol. 120, n° 2, p. 247-252.

Gagnon, É. et Gangbazo, G. (2007). *Efficacité des bandes riveraines : analyse de la documentation scientifique et perspectives* (Fiche numéro 7). Québec, Ministère du Développement durable, de l'Environnement et des Parcs, 17 p.

Garbelotto, M., Schmidt, D. et Harnik, T. (2007). Phosphite Injections and Bark Application of Phosphite + Pentrabark[TM] Control Sudden Oak Death in Coast Live Oak. *Arboriculture and Urban Forestry,* vol. 33, n° 5, p. 309-317.

Gaulin, H. (2010). Au-delà des dépliants : le marketing social. *In* Hélène Gaulin, *Rendez-vous du Regroupement des organismes de bassins versants du Québec,* Lac-Bouchette, 14 mai 2010. Gatineau, Parcs Canada.

Gendron, C. (2014). Penser l'acceptabilité sociale : au-delà de l'intérêt, les valeurs. *Revue internationale Communication sociale et publique,* n°11, p. 117-129.

Giguère, M. et Gosselin, P. (2006). Maladies zoonotiques et à transmission vectorielle : Examen des initiatives actuelles d'adaptation aux changements climatiques au Québec. (Document pour l'Unité Santé et Environnement, Direction des risques biologiques, environnementaux et occupationnels). Québec, Institut national de santé publique du Québec, 24 p.

Graillon, P. et Douville, F. (2006). Les chauves-souris : de belles surprises au parc national du Mont-Mégantic. *In* Société des établissements de plein air du Québec (Sépaq), *Bulletin de conservation 2006* (p. 13). Québec, Réseau Sépaq.

Grindal, S. D. et Brigham, R.M. (1998). Short-term effects of small-scale habitat disturbance on activity by insectivorous bats. *Journal of Wildlife Management,* vol. 62, n° 3, p. 996-1003.

Grodsky, S.M., Behr, M.J., Gendler, A., Drake, D., Dieterle, B.D., Rudd, R.J. et Walrath, N.L. (2011). Investigating the causes of death for wind turbine-associated bat fatalities. *Journal of mammalogy,* vol. 92, n° 5, p. 917-925.

Gunnthorsdottir, A. (2001). Physical Attractiveness of An Animal Species As a Decision Factor for Its Preservation. *Anthrozoös,* vol. 14, n°4, p. 204-214.

Hallam, T.G. et McCracken, G.F. (2011). Management of the Panzootic White-Nose Syndrome through Culling of Bats. *Conservation Biology,* vol. 25, n°1, p.189-194

Hance, J. (2009). After declining 95% in 15 years, Saiga antelope begins to rebound with help from conservationists. *In* Mongabay. *Environmental News.* http://news.mongabay.com/2009/0916-hance_saiga.html (Page consultée le 22 mars 2015).

Hayes, J.P. (2003). Habitat ecology and conservation of bats in western coniferous forest. *In* Zabel, C.J. et Anthony, R.G., *Mammal community dynamics in coniferous forests of western North America : Management and conservation* (p. 81-119). Cambridge, Cambridge University Press.

Heffernan, L. (2015). Current WNS Occurrence Map. *In* White-Nose Syndrome – North America's Response to the Devastating Bat disease – U.S. Fish and Wildlife Service. *WNS Info.* https://www.whitenosesyndrome.org/about/where-is-it-now (Page consultée le 15 avril 2015).

Hickey, M.B.C. et Fenton, M.B. (1990). Foraging by red bats *Lasiurus borealis*: do intraspecific chases mean territoriality? *Canadian journal of zoology,* vol. 68, n° 12, p. 2477-2482.

Hinde, D. (2008). *Nature conservation advice in relation to bats* (Interim Advice Notes issued by the Highways Agency). London, Department for Transport, UK Government, 57 p.

HockeyDB (2011). Austin Ice Bats Statistics and History. *In* HockeyDB. *CHL.* http://www.hockeydb.com/stte/austin-ice-bats-4710.html (Page consultée le 26 février 2015).

Horn, J.W., Arnett, E.B. et Kunz, T.H. (2008). Behavioral responses of bats to operating wind turbines. *Journal of Wildlife Management,* vol. 72, n° 1, p. 123-132.

Howell, A. H. (1908). Notes on diurnal migrations of bats. *Proceedings of the Biological Society of Washington*, vol. 21, p. 35-38.

Hoyt, J.R., Cheng, T.L., Langwig, K.E., Hee, M.M., Frick, W.F. et Kilpatrick, A.M. (2015). Bacteria Isolated from Bats Inhibit the Growth of Pseudogymnoascus destructans, the Causative Agent of White-Nose Syndrome. *PLoS ONE*, vol. 10, n°4, 12 p.

Hutchinson, J.T. et Lacki, M.J. (2000). Selection of day roosts by red bats in mixed mesophytic forests. *Journal of Wildlife Management,* vol. 64, n° 1, p. 87-94.

Jameson, J.W. et Willis, C.K.R. (2014). Activity of tree bats at anthropogenic tall structures: Implications for mortality of bats at wind turbines. *Animal Behaviour,* vol. 97, p. 145-152.

Jefferies, D.J. (1972). Organochlorine insecticide residues in British bats and their significance. *Journal of Zoology*, vol. 166, p. 245-263.

Jones, G., Jacobs, D.S., Kunz, T.H., Wilig, M.R. et Racey, P.A. (2009). Carpe noctem: The importance of bats as bioindicators. *Endangered Species Research,* vol. 8, n° 1-2, p. 93-115.

Jutras, J. (1999). *Programme de protection des hibernacula de chauves-souris au Québec – Rapport d'étape 1994-1999* (rapport pour la Direction de la faune et des habitats). Québec, Faune et Parcs Québec, Service de la faune terrestre, 18 p.

Jutras, J. et Vasseur, C. (2009). CHIROPS, *Bulletin de liaison du Réseau québécois d'inventaires acoustiques des chauves-souris*, n° 10, 32 p.

Jutras, J., Delorme, M., McDuff, J. et Vasseur, C. (2012). Le suivi des chauves-souris du Québec. *Le Naturaliste Canadien*, vol. 136, n°1, p. 48-52.

Kaarakka, H.M., Pelton, E.M. et Redell, D.N. (2013a). *Wisconsin Big Brown Bat Species Guidance* (Guide PUB-ER-707). Madison, Bureau of Natural Heritage Conservation - Wisconsin Department of Natural Resources, 11 p.

Kaarakka, H.M., Pelton, E.M. et Redell, D.N. (2013b). *Wisconsin Northern Long-Eared Bat Species Guidance* (Guide PUB-ER-700). Madison, Bureau of Natural Heritage Conservation - Wisconsin Department of Natural Resources, 10 p.

Kalda, O., Kalda, R. et Liira, J. (2014). Multi-scale ecology of insectivorous bats in agricultural landscapes. *Agriculture, Ecosystems and Environment*, vol. 199, p. 105-113.

Kalka, M.B., Smith, A.R. et Kalko, E.K.V. (2008). Bats limit arthropods and herbivory in a tropical forest. *Science,* vol. 320, n° 5872, p. 71.

Kontoleon, A. et Swanson, T. (2003). The willingness to pay for property rights for the Giant Panda: Can a charismatic species be an instrument for nature conservation? *Land Economics,* vol. 79, n° 4, p. 483-499.

Kotler, P. (1982). *Marketing for Nonprofit Organizations.* 2e Édition, Englewood Cliffs, Prentice-Hall, 528 p.

Krebs, C. (2009). *Ecology : The Experimental Analysis of Distribution and Abundance*. 6e edition, San Francisco, Pearson Benjamin Cummings, 655 p.

Kuijper, D.P.J., Schut, J., Van Dullemen, D., Toorman, H., Goossens, N., Ouwehand, J. et Limpens, H.J.G.A. (2008). Experimental evidence of light disturbance along the commuting routes of pond bats (*Myotis dasycneme*). *Lutra*, vol. 51, n°1, p. 37-49.

Kulig, J.C., Edge, D.S. et Joyce, B. (2008). Understanding Community Resiliency in Rural Communities Through Multimethod Research. *Journal of Rural and Community Development*, vol. 3, n°3, p. 77-94.

Kunz, T. H. (1973). Resource utilization temporal and spatial components of bat activity in central Iowa. *Journal of Mammalogy,* vol. 54, p. 14-32.

Kunz, T. H. (1982). *Lasionycteris noctivagans. Mammalian Species*, vol. 172, p.1-5.

Kunz, T.H., Arnett, E.B., Erickson, W.P., Hoar, A.R., Johnson, G.D., Larkin, R.P., Strickland, M.D., Thresher, R.W. et Turtle, M.D. (2007). Ecological impacts of wind energy development on bats: Questions, research needs, and hypotheses. *Frontiers in Ecology and the Environment,* vol. 5, n° 6, p. 315-324.

Kunz, T.H., de Torrez, E.B., Bauer, D., Lobova, T. et Fleming, T.H. (2011). Ecosystem services provided by bats. *Collection Annals of the New York Academy of Sciences,* vol. 1223, p. 1-38.

Lamoureux, S. et Dion, C. (2014). *Stratégies de protection des oiseaux champêtres en région dominée par une agriculture intensive* (Partie II – Plan d'action). Montréal, Regroupement Québec Oiseaux, 128 p.

Lavoie, N. (2013) Attention : Traverse de chauves-souris à Tadoussac! *In* Sépaq. *Blogue Parcs Québec Conservation.* http://www.sepaq.com/parcs-quebec/blogue/article.dot?id=2bfbcbe2-c301-41e7-97de-ed814ec411d6 (Page consultée le 23 février 2015).

Lehmann, V. et Motulsky, B. (2013). *Communication et grands projets, les nouveaux défis.* Presses de l'Université du Québec, 281 p.

Lévesque, M. (2014). L'écopelouse, pour une pelouse vraiment écologique. Communication orale. *Conférence sur l'entretien écologique de la pelouse donnée par Micheline Lévesque, biologiste, agronome, M. Sc. et présidente de SAE Environnement,* 21-22 mai 2014, Sherbrooke.

Ligue pour la Protection des Oiseaux (LPO) (2012). La LPO vole au secours d'une chouette menacée : « l'effraie des clochers ». *In* LPO. *Accueil.* https://www.lpo.fr/communiques-de-presse/la-lpo-vole-au-secours-dune-chouette-menacee-leffraie-des-clochers (Page consutlée le 13 avril 2015).

Loi sur la conservation et la mise en valeur de la faune, L.R.Q., c. C-61.1

Loi sur les espèces en péril, L.C. 2002, c. 29.

Loi sur les espèces menacées ou vulnérables, L.R.Q., c. E-12.01.

Loi sur les mines, L.R.Q., c. M-13.1

Lund, A., Bratberg, A. M., Nass, B. et Gudding, R. (2014). Control of bovine ringworm by vaccination in Norway. *Veterinary Immunology and Immunopathology,* vol. 158, p. 37-45.

Lynn, W. S. (2001). *The Ethics of Social Marketing for Conservation: A Learning Module. In* RARE, *RARE Training Manual*, London, The Hastings Center.

Marino, G. (s. d.). Researchers collaborate to save North America's dying and decimated bat populations. *In* Bucknell University. *Saving the Insect Eaters.* http://www.bucknell.edu/communications /bucknell-magazine/recent-issues/summer-2012/saving-the-insect-eaters.html (Page consultée le 5 mars 2015).

McCracken, G.F., Westbrook, J.K., Brown, V.A., Eldridge, M., Federico, P. et Kunz, T.H. (2012). Bats Track and Exploit Changes in Insect Pest Populations. *PLoS ONE,* vol. 7, n° 8, p. 1-10.

McGeoch, M.A., Van Rensburg, B.J. et Botes, A. (2002). The verification and application of bioindicators: A case study of dung beetles in a savanna ecosystem. *Journal of Applied Ecology,* vol. 39, n° 4, p. 661-672.

Mearns, E. A. (1898). A study of the vertebrate fauna of the Hudson Highlands, with observations on the Mollusca, Crustacea, Lepidoptera, and the flora of the region. *Bulletin of the American Museum of Natural History*, vol. 10, p. 303-352.

Meretsky, V.J., Brack Jr., V., Carter, T.C., Clawson, R., Currie, R.R., Hemberger, T.A., Herzog, C.J., Hicks, A.C., Kath, J.A., MacGregor, J.R., King, R.A. et Good, D.H. (2010). Digital photography improves consistency and accuracy of bat counts in hibernacula. *Journal of Wildlife Management,* vol. 74, n° 1, p. 166-173.

Mickleburgh, S.P., Hutson, A.M. et Racey, P.A. (2002). A review of the global conservation status of bats. *Oryx,* vol. 36, n° 1, p. 18-34.

Microbrasserie Dieu du Ciel! (s. d.). Rescousse. *In* Microbrasserie Dieu du Ciel!. *Bières en bouteille.* http://micro.dieuduciel.com/fr/bieres.php (Page consultée le 13 avril 2015).

Müller, R. et Kuc, R. (2007). Biosonar-inspired technology: Goals, challenges and insights. *Bioinspiration and Biomimetics,* vol. 2, n° 4, p. S146-S161.

Musée de la nature et des sciences Inc. (2010). La clé dichotomique. *In* Musée de la nature et des sciences Inc. *Des collections en ordre.* http://www.virtualmuseum.ca/edu/ViewLoitDa.do; jsessionid=6271A6565A4F16B3C793F2AE099BC299?method=previ ew&lang=FR&id=16447 (Page consultée le 17 mai 2015).

National Speleogical Society (NSS) (2015). White nose syndrome page – A Project of the Cave Biological Response Committee. *In* NSS. *Learn.* http://caves.org/WNS/index.shtml (Page consultée le 13 février 2015).

Naughton, D. (2012). *The Natural History of Canadian Mammals*. Toronto, University of Toronto Press, 784 p.

Ng, S.J., Dole, J.W., Sauvajot, R.M., Riley, S.P.D. et Valone, T.J. (2004). Use of highway undercrossings by wildlife in southern California. *Biological Conservation*, vol.115, p. 499–507.

O'Shea, T.J. et Johnson, J.J. (2009). Environmental contaminants and bats: Investigating exposure and effects. *In* Kunz, T.H. et Parsons, S., *Ecological and Behavioral Methods for the Study of Bats, 2e édition* (p. 500-528), Baltimore, Johns Hopkins University Press.

Office pour les insectes et leur environnement (Opie) (2008). Que veut dire : insectes bio-indicateurs? *In* Opie. *Question/Réponses.* http://www.insectes.org/insectes/questions-reponses.html?id_quest =158 (Page consultée le 6 mars 2015).

Office québécois de la langue française (OQLF) (2006). Fiche terminologique "Plan de communication". *In* OQLF. *Le Grand dictionnaire terminologique.* http://www.granddictionnaire.com/ficheOqlf.aspx? Id_Fiche=8360550 (Page consultée le 11 avril 2015).

Office québécois de la langue française (OQLF) (2007a). Fiche terminologique "Eutrophisation". *In* OQLF. *Le Grand dictionnaire terminologique.* http://www.granddictionnaire.com/ficheOqlf.aspx? Id_Fiche=8349362 (Page consultée le 17 mai 2015).

Office québécois de la langue française (OQLF) (2007b). Fiche terminologique "Hibernacle". *In* OQLF. *Le Grand dictionnaire terminologique.* http://www.granddictionnaire.com/ficheOqlf.aspx? Id_Fiche=8349328 (Page consultée le 19 février 2015).

Office québécois de la langue française (OQLF) (2010). Fiche
    terminologique "Écotourisme". *In* OQLF. *Le Grand dictionnaire
    terminologique*. http://www.granddictionnaire.com/ficheOqlf.aspx?
    Id_Fiche=8368200 (Page consultée le 13 février 2015).

Office québécois de la langue française (OQLF) (2012). Fiche
    terminologique "Espèce indicatrice". *In* OQLF. *Le Grand dictionnaire
    terminologique*. http://www.granddictionnaire.com/
    ficheOqlf.aspx?Id_Fiche=26519640 (Page consultée le 5 mars 2015).

Office québécois de la langue française (OQLF) (2014). Fiche
    terminologique "Écosystème". *In* OQLF. *Le Grand dictionnaire
    terminologique*.
    http://www.granddictionnaire.com/ficheOqlf.aspx?Id_Fiche= 8401121
    (Page consultée le 5 mars 2015).

Office québécois de la langue française (OQLF) (2015). Fiche
    terminologique "Habitat". *In* OQLF. *Le Grand dictionnaire
    terminologique*.
    http://www.granddictionnaire.com/ficheOqlf.aspx?Id_Fiche=
    26520693 (Page consultée le 2 février 2015).

Olsson, M.P.O., Widén, P. et Larkin, J.L. (2008). Effectiveness of a highway
    overpass to promote landscape connectivity and movement of moose
    and roe deer in Sweden. *Landscape and Urban Planning*, vol. 85, p.
    133–139.

O'Shea, T.J., Bogan, M.A. et Ellison, L.E. (2003). Monitoring trends in bat
    populations of the United States and territories: Status of the science
    and recommendations for the future. *Wildlife Society Bulletin,* vol. 31,
    n° 1, p. 16-29.

Parc de la caverne du Trou de la Fée (s. d.). Particularités de la caverne. *In*
    Parc de la caverne du Trou de la Fée. *Caverne*.
    http://www.cavernetroudelafee.ca/fr/page/caverne/ (Page consultée le
    18 février 2015).

Parc national d'Oka (2014). Les chauves-souris, un monde à l'envers. *In*
    Société des établissements de plein air du Québec (Sépaq). *Activités*.
    http://www.sepaq.com/pq/oka/index.dot#sub-tab-decouverte (Page
    consultée le 23 février 2015).

Parc national du Fjord-du-Saguenay (2014). Chauve-souris sous le radar. *In* Société des établissements de plein air du Québec (Sépaq). *Activités.* http://www.sepaq.com/pq/sag/index.dot#sub-tab-decouverte (Page consultée le 23 février 2015).

Parc national du Lac-Témiscouata (2014). Les chauves-souris, un indicateur de la biodiversité. *In* Société des établissements de plein air du Québec (Sépaq). *Activités.* http://www.sepaq.com/pq/tem/ (Page consultée le 23 février 2015).

Parc national du Mont-Orford (2014). Chauve qui peut... les chauves-souris! *In* Société des établissements de plein air du Québec (Sépaq). *Activités.* http://www.sepaq.com/pq/mor/index.dot#sub-tab-decouverte (Page consultée le 23 février 2015).

Parc national du Mont-Saint-Bruno (2014). À l'affut des chauves-souris. *In* Société des établissements de plein air du Québec (Sépaq). *Activités.* http://www.sepaq.com/pq/msb/ (Page consultée le 23 février 2015).

Parks and Wildlife Service (2014). Tasmanian devil – Frequently Asked Questions. *In* Parks and Wildlife Service – Tasmania. *Tasmanian Devil FAQ.* http://www.parks.tas.gov.au/?base=4756 (Page consultée le 31 mars 2015).

Patriquin, K. J. et Barclay, R.M.R. (2003). Foraging by bats in cleared thinned and unharvested boreal forest. *Journal of Applied Ecology*, vol. 40, p. 646-657.

Pearse, A.-M. et Swift, K. (2006). Transmission of devil facial-tumour disease. *Nature,* vol. 439, p. 549.

Pennisi, L. A., Holland, S. M. et Stein, T. V. (2004). Achieving Bat Conservation Through Tourism. *Journal of Ecotourism*, vol. 3, n°3, p. 195-207.

Pierson, E.D. (1998). Tall trees, deep holes, and scarred landscapes: conservation biology of North American bats. *In* Kunz, T.H. et Racey, P.A., *Bat Biology and Conservation* (p. 309-325). Washington, Smithsonian Institution Press.

Politique de protection des rives, du littoral et des plaines inondables, c. Q-2, r. 35.

Prescott, J. et Richard, P. (2013). *Mammifères du Québec et de l'Est du Canada*. 3e édition, Montréal, Éditions Michel Quintin, 480 p.

Primack, R. B. (2010). *Essentials of Conservation Biology.* 5ᵉ édition, Sunderland, Édition Sinauer Associates, Inc., 601 p.

Projet Rescousse (s. d.a). Mission. *In* Projet Rescousse. *Projet Rescousse.* http://www.rescousse.org/010.html (Page consultée le 13 avril 2015).

Projet Rescousse (s. d.b). Un toast à la biodiversité. *In* Projet Rescousse. *La bière Rescousse.* http://www.rescousse.org/032.html (Page consultée le 13 avril 2015).

Prokop, P. et Tunnicliffe, S. D. (2008). "Disgusting" Animals: Primary School Children's Attitudes and Myths of Bats and Spiders. *Eurasia Journal of Mathematics, Science & Technology Education*, vol. 4, n°2, p. 87-97.

Puechmaille, S.J., Verdeyroux, P., Fuller, H., Ar Gouilh, M., Bekaert, M. et Teeling, E.C. (2010). White-nose syndrome fungus (geomyces destructans) in Bat, France. *Emerging Infectious Diseases,* vol. 16, n° 2, p. 290-293.

Pulsifer, D.P. et Lakhtakia, A. (2011). Background and survey of bioreplication techniques. *Bioinspiration and Biomimetics,* vol. 6, n° 3, p. 1-11.

Pyecroft, S.B., Pearse, A.-M., Loh, R., Swift, K., Belov, K., Fox, N., Noonan, E., Hayes, D., Hyatt, A., Wang, L., Boyle, D., Church, J., Middleton, D. et Moore, R. (2007). Towards a Case Definition for Devil Facial Tumour Disease: What Is It?. *EcoHealth,* vol. 4, p. 346-351.

Québec. Ministère de l'Énergie et des Ressources naturelles (MERN). (s. d.). Énergie éolienne. *In* MERN. *L'énergie.* http://www.mern.gouv.qc.ca/energie/eolien/ (Page consultée le 9 avril 2015).

Québec. Ministère de l'Environnement et de la Faune (MEF) (1996). *Programme de protection des hibernacula de chauves-souris au Québec* (document pour la Direction de la faune et des habitats). Québec, MEF, 26 p.

Québec. Ministère de la Santé et des Services sociaux (MSSS) (s. d.). Pesticides. *In* MSSS. *Risques toxicologiques.* http://www.msss.gouv.qc.ca/sujets/santepub/environnement/index.php?pesticides (Page consultée le 23 février 2015).

Québec. Ministère des Forêts, de la Faune et des Parcs (MFFP). (2010). L'état de santé des chauves-souris au Québec : une situation préoccupante à suivre de près. *In* MFFP. *Habitats et biodiversité.* http://www.mffp.gouv.qc.ca/faune/habitats-fauniques/etudes-recherches/chauves-souris.jsp (Page consultée le 18 septembre 2014).

Québec. Ministère des Forêts, de la Faune et des Parcs (MFFP) (2014). Pleins feux sur… l'hiver et les chauves-souris. *In* MFFP. *Nos chroniques.* http://pleinderessources.gouv.qc.ca/chronique /capsule/pleins-feux-sur-hiver-les-chauves-75.html (Page consultée le 8 avril 2015).

Québec. Ministère des Forêts, de la Faune et des Parcs (MFFP). (s. d.) Les chauves-souris du Québec. *In* MFFP. *Espèces fauniques.* http://www.mffp.gouv.qc.ca/faune/especes/chauves-souris/index.jsp (Page consultée le 27 novembre 2014).

Québec. Ministère des Ressources naturelles (MRN) (2013). Restauration des sites miniers. *In* MRN. *Restauration minière.* https://www.mern.gouv.qc.ca/mines/restauration/restauration-sites.jsp (Page consultée le 8 avril 2015).

Québec. Ministère des Ressources naturelles et de la Faune (MRNF) (2007). *Démarche vers une gestion intégrée des ressources en milieu agricole : Portrait et enjeux* (Rapport de la Direction générale du développement et de l'aménagement de la faune. Secteur Faune Québec). Québec, MRNF, 73 p.

Québec. Ministère des Ressources naturelles et de la Faune (MRNF) (2010). *Mesures de biosécurité et de décontamination applicables aux visites de cavernes, grottes et mines à des fins récréatives, touristiques ou de recherche sur les chiroptères, pour prévenir la transmission du syndrome du museau blanc* (Rapport de la Direction de l'expertise sur la faune et ses habitats. Service de la biodiversité et des maladies de la faune). Québec, MRNF, 11 p.

Québec. Ministère du Développement durable, de l'Environnement et de la Lutte contre les changements climatiques (MDDELCC). (2014). Politique de protection des rives, du littoral et des plaines inondables. *In* MDDELCC. *Eau.* http://www.mddelcc.gouv.qc.ca/eau/rives/ (Page consultée le 9 avril 2015).

Québec. Ministère du Développement durable, de l'Environnement et de la Lutte contre les changements climatiques (MDDELCC). (s. d.a). Aires protégées au Québec – Contexte, constats et enjeux pour l'avenir. *In* MDDELCC. *Biodiversité.* http://www.mddelcc.gouv.qc.ca/biodiversite/aires_protegees /contexte/annexe1.htm (Page consultée le 18 avril 2015).

Québec. Ministère du Développement durable, de l'Environnement et de la Lutte contre les changements climatiques (MDDELCC). (s. d.b). Conséquences des pesticides sur les espèces vivantes. *In* MDDELCC. *La présence de pesticides dans l'eau en milieu agricole.* http://www.mddelcc.gouv.qc.ca/eau/eco_aqua/pesticides/causes.htm #consequences (Page consultée le 8 mars 2015).

Québec. Ministère du Développement durable, de l'Environnement, de la Faune et des Parcs (MDDEFP) (2013). Les chauves-souris au Québec – Une situation inquiétante. *Communiqué de presse.* 23 juillet.

RARE (s. d.) *RARE Pride: The Marketing of Conservation* (document interne). Arlington, RARE, 13 p.

Recchiuto, C.T., Molfino, R., Hedenströem, A., Peremans, H., Cipolla, V., Frediani, A., Rizzo, E. et Muscolo, G.G. (2014). *Bioinspired mechanisms and sensorimotor schemes for flying: A preliminary study for a robotic bat.* 37 p. 8717 LNAI. (Collection Lecture Notes in Computer Science (including subseries Lecture Notes in Artificial Intelligence and Lecture Notes in Bioinformatics)).

Règlement sur les substances minérales autres que le pétrole, le gaz naturel et la saumure, c. M-13.1, r.2

Reichard, J.D. et Kunz, T.H. (2009). White-nose syndrome inflicts lasting injuries to the wings of little brown myotis (Myotis lucifugus). *Acta Chiropterologica,* vol. 11, n° 2, p. 457-464.

Reiskind, M.H. et Wund, M.A. (2009). Experimental assessment of the impacts of northern long-eared bats on ovipositing culex (Diptera: Culicidae) mosquitoes. *Journal of medical entomology,* vol. 46, n° 5, p. 1037-1044.

Réserve internationale de ciel étoilé du Mont-Mégantic (RICEMM) (s. d.). La pollution lumineuse. *In* RICEMM. *Accueil.* http://ricemm.org/pollution-lumineuse/ (Page contulée le 12 avril 2015).

Rydell, J. (1992). Exploitation of insects around streetlamps by bats in Sweden. *Functional Ecology,* vol. 6, p. 744-750.

Ryser, G.R. et Popovici, R. (1999). *The Fiscal Impact of the Congress Avenue Bridge Bat Colony on the City of Austin* (Résumé d'une étude budgétaire). Austin, Bat Conservation International, 15 p.

SAgE pesticides (2015). Toxicologie de la matière active : cyperméthrine. *In* SAgE pesticides. *Effets toxiques des matières actives.* http://www.sagepesticides.qc.ca/Recherche/Resultats. aspx?search=matiere&ID=116 (Page consultée le 5 février 2015).

Saiga Conservation Alliance (SCA) (2008). Why protect saigas? *In* SCA. We are committed to saving the saiga. http://www.saiga-conservation.com/why_protect.html (Page consultée le 22 mars 2015).

Saiga Conservation Alliance (SCA) (2015). Saigas are one of the most threatened species on the planet. Their numbers declined by 95% in just 15 years. *In* SCA. *Welcome to the Saiga Conservation Alliance.* http://www.saiga-conservation.com/home.html (Page consultée le 22 mars 2015).

Save the Tasmanian Devil Program (2008). The program. *In* Save the Tasmanian Devil Program. *Home.* http://www.tassiedevil.com.au/tasdevil.nsf/The-Program/6CDA5008203C24A6CA2576C7001 651E0 (Page consultée le 22 mars 2015).

Smalley, E.B. et Guries, R.P. (1993). Breeding elms for resistance to Dutch elm disease. *Annual Review of Phytopathology*, vol. 31, p.325-352.

Société québécoise de spéléologie (SQS) (2014). La SQS collabore à une étude sur le syndrome du museau blanc. *In* SQS. *Accueil.* http://www.speleo.qc.ca/ (Page consultée le 13 février 2015).

Stahlschmidt, P. et Brühl, C. A. (2012). Bats at risk? Bat activity and insecticide residue analysis of food items in an apple orchard. *Environmental Toxicology and Chemistry*, vol. 31, n° 7, p. 1556-1563.

Stone, E.L. (2013). *Bats and lighting: Overview of current evidence and mitigation guidance* (Bats and Lighting Research Project). Bristol, University of Bristol, 76 p.

Stone, E.L., Jones, G. et Harris, S. (2009). Street Lighting Disturbs Commuting Bats. *Current Biology,* vol. 19, n° 13, p. 1123-1127.

Thomas, D. W. et LaVal, R.K. (1988). Survey and census methods. *In* Kunz, T.H. et Parsons, S., *Ecological and Behavioral Methods for the Study of Bats, 2e édition* (p. 77-89), Baltimore, Johns Hopkins University Press.

Thomas, D. W., Dorias, M. et Bergeron, J.-M. (1990). Winter energy budgets and cost of arousals for hibernating little brown bats, Myotis lucifugus. *Journal of Mammalogy*, vol. 71, p. 475–479.

Threlfall, C.G., Law, B. et Banks, P.B. (2012). Sensitivity of insectivorous bats to urbanization: Implications for suburban conservation planning. *Biological Conservation,* vol. 146, n° 1, p. 41-52.

Toronto Zoo (s. d.). *Bats – A Conservation Guide* (guide de conservation des chauves-souris). Toronto, Toronto Zoo, 36 p.

Tremblay, F., Desmeules, X., St-Pierre, N., Claveau, S. et Morissette, S. (2013). *Guide de vulgarisation : agriculture de précision, autoguidage et gaz à effet de serre* (document interne). Alma, Agrinova, 14 p.

Tremblay, J. A. et Jutras, J. (2010). Les chauves-souris arboricoles en situation précaire au Québec – Synthèses et perspectives. *Le Naturaliste canadien*, vol. 134, n°1, p. 29-40.

Tuttle, M. D. (1975). Population ecology of the gray bat (Myotis grisescens): factors influencing early growth and development. *University of Kansas Occasional Papers Museum of Natural History,* vol. 36, p.1-24.

Tuttle, M. D. (1988). *America's Neighborhood Bats*. Austin, University of Texas Press, 96 p.

Tuttle, M. D. (2003). Estimating population sizes of hibernating bats in caves and mines. *In* O'Shea, T. J. et Bogan, M.A., *Monitoring trends in bat populations of the United States and territories: problems and prospects* (p. 31-39), Fort Collins, US Geological Survey.

Tuttle, M. D., Kiser, M. et Kiser, S. (2013). *The Bat House Builder's Handbook*. 3e édition, Austin, University of Texas Press, Bat Conservation International Inc., 36 p.

U.S. Fish & Wildlife Service (s. d.). Saiga antelope. *In* U.S. Fish & Wildlife Service – International Affairs. *Animals.* http://www.fws.gov/international/animals/saiga-antelope.html (Page consultée le 31 mars 2015).

Ujvari, B., Pearse, A.-M., Peck, S., Harmsen, C., Taylor, R., Pyecroft, S., Madsen, T., Papenfuss, A.T. et Belov, K. (2012). Evolution of a contagious cancer: epigenetic variation in Devil Facial Tumour Disease. *Proceedings of the Royal Society B.*, vol. 280, p. 1-8.

Urban Dictionary (s. d.). Ugly cute. *In* Urban Dictionary. *Top definition.* http://www.urbandictionary.com/ define.php?term=ugly+cute (Page consultée le 19 mars 2015).

Van Wassenaer, P. et Bouchard-Nestor, J. (s. d.) *DUTCH TRIG* - Le vaccin efficace contre la maladie hollandaise de l'orme (document interne). Wheeling, Urban Forest Innovative Solutions Inc., 32 p.

Walters, B.L., Ritzi, C.M., Sparks, D.W. et Whitaker Jr., J.O. (2007). Foraging behavior of eastern red bats (*Lasiurus borealis*) at an urban-rural interface. *American Midland Naturalist,* vol. 157, n° 2, p. 365-373.

Warnecke, L., Turner, J.M., Bollinger, T.K., Lorch, J.M., Misra, V., Cryan, P.M., Wibbelt, G., Blehert, D.S. et Willis, C.K.R. (2012). Inoculation of bats with European Geomyces destructans supports the novel pathogen hypothesis for the origin of white-nose syndrome. *Proceedings of the National Academy of Sciences of the United States of America,* vol. 109, n° 18, p. 6999-7003.

Whitaker, J.O. Jr. (1995). Food of the big brown bat *Eptesicus fuscus* form maternity colonies in Indiana and Illinois. *American Midland Naturalist*, vol. 134, p. 346-360.

Whitehurst, I.T. et Lindsey, B.I. (1990). The impact of organic enrichment on the benthic macroinvertebrate communities of a lowland river. *Water research,* vol. 24, n° 5, p. 625-630.

Wickramasinghe, L.P., Harris, S., Jones, G. et Vaughan, N. (2003). Bat activity and species richness on organic and conventional farms: Impact of agricultural intensification. *Journal of Applied Ecology,* vol. 40, n° 6, p. 984-993.

Williams-Guillén, K., Perfecto, I. et Vandermeer, J. (2008). Bats limit insects in a neotropical agroforestry system. *Science,* vol. 320, n° 5872, p. 70.

Willis, C.K.R. et Brigham, R.M. (2005). Physiological and ecological aspects of roost selection by reproductive female hoary bats (*Lasiurus cinereus*). *Journal of mammalogy,* vol. 86, n° 1, p. 85-94.

Wilson, J.M. et Barclay, R.M.R. (2006). Consumption of caterpillars by bats during an outbreak of western spruce budworm. American Midland Naturalist, vol. 155, n° 1, p. 244-249.

Zhang, C. et Kovacs, J. M. (2012). The application of small unmanned aerial systems for precision agriculture: a review. *Precision Agriculture,* vol. 13, p. 693-712.

Zoo sauvage de Saint-Félicien (s. d.). La chauve-souris. *In* Zoo sauvage de Saint-Félicien. *Coin des profs.* http://zoosauvage.org/activities/la-chauve-souris/ (Page consultée le 23 février 2015).

ANNEXE 1 – QUESTIONS POSÉES DANS LE CADRE DU SONDAGE

Q1 : Sur une échelle de 1 à 5, quel est votre niveau de tolérance face aux chauves-souris? (voir ci-dessous pour la définition des termes proposés)

- 1) Phobie ou presque; 2) Malaise; 3) Neutralité; 4) Intérêt; 5) Fascination

1) S'il vous est possible de vous en débarrasser, vous n'hésitez pas une seconde, que ce soit par vous ou par un exterminateur. Vous avez horreur de ces animaux et/ou ils vous font peur.

2) Vous ne vous sentez pas bien lorsqu'une chauve-souris se trouve dans les parages. Vous ne recherchez pas nécessairement à la tuer ou à la faire fuir à tout prix, mais vous vous sentez soulagé lors de son départ.

3) La présence d'une chauve-souris vous indiffère totalement. Elle ne vous intéresse tout simplement pas. Vous n'êtes pas intéressé à appuyer des mesures pour les éradiquer ou les protéger.

4) Devant une chauve-souris, vous êtes curieux et vous aimez l'observer. Vous êtes en accord avec la mise en place de mesures de conservation ou dans la poursuite de recherches à son propos, sans nécessairement y prendre part vous-même.

5) Les chauves-souris vous fascinent. Vous seriez prêt à encourager des initiatives de conservation et de la recherche scientifique à leur sujet, soit en participant vous-même ou en donnant des dons pour des organismes qui le feraient.

Q2 : Les chauves-souris sont-elles aveugles?

Q3 : Est-ce que certaines des chauves-souris vivant au Québec se nourrissent de sang?

Q4 : Est-il exact de dire qu'une chauve-souris insectivore peut engloutir l'équivalant de son propre poids en insectes en une seule nuit?

Q5 : Une chauve-souris vivant au Québec peut-elle transmettre la rage aux humains?

Q6 : Une chauve-souris fait partie de quelle classe d'animaux :

- A) Oiseaux; B) Mammifères; C) Reptiles; C) Amphibiens

Q7 : Une chauve-souris peut-elle ronger des matériaux de construction ou l'isolation d'un bâtiment?

Q8 : Une chauve-souris a-t-elle tendance à s'agripper aux cheveux d'un humain?

Q9 : Une chauve-souris peut-elle construire un nid?

Q10 : Seriez-vous en accord avec la mise en place d'un programme de protection des chauves-souris au Québec?

ANNEXE 2 – RÉPARTITION GÉOGRAPHIQUE DES CHAUVES-SOURIS DU QUÉBEC (inspiré de : Jutras et autres, 2012, p. 51)

Chauve-souris argentée
Lasionycteris noctivagans

Chauve-souris cendrée
Lasiurus cinereus

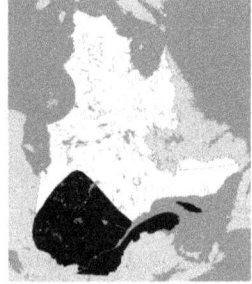

Chauve-souris nordique
Myotis septentrionalis

Chauve-souris pygmée de l'Est
Myotis leibii

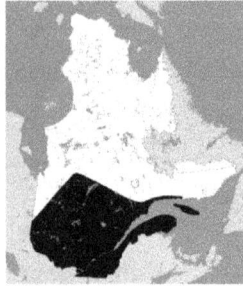

Chauve-souris rousse
Lasiurus borealis

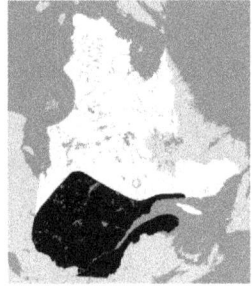

Grande chauve-souris brune
Eptesicus fuscus

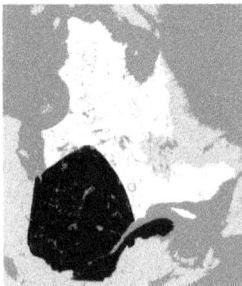

Petite chauve-souris brune
Myotis lucifugus

Pipistrelle de l'Est
Perimyotis subflavus

ANNEXE 3 – RÉGIONS D'AMÉRIQUE DU NORD TOUCHÉES PAR LE SMB (tiré de : Heffernan, 2015, page consultée le 15 avril 2015)

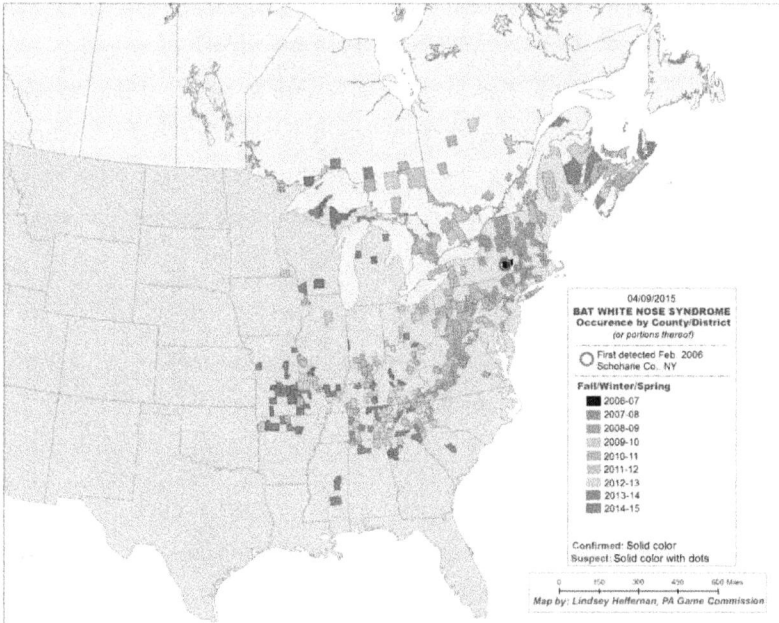

ANNEXE 4 – EXPLICATIONS SUPPLÉMENTAIRES POUR LA NOTATION DE L'ANALYSE MULTICRITÈRE

ORIENTATION #1 : Stratégies visant la diminution des effets du SMB

1.1 Poursuivre les recherches fondamentales sur le SMB

La poursuite des recherches fondamentales sur le SMB est une stratégie importante, car il s'agit de la seule avenue qui puisse éradiquer totalement le problème. Cependant, la recherche reste un processus long, ce qui explique son pointage très faible quant à sa capacité à générer des impacts à court terme.

1.2 Traiter les chauves-souris atteintes

Le traitement des chauves-souris atteintes a reçu un excellent résultat; seul son coût représente un désavantage notable.

1.3 Augmenter la résistance des chauves-souris au SMB

Augmenter la résistance des chauves-souris au SMB est une stratégie qui a le potentiel d'être très efficace et qui pourrait avoir un impact rapide sur les chauves-souris. Toutefois, cette avenue demeure très coûteuse et plutôt complexe à mettre en place, notamment quant à la manière d'administrer le traitement désiré aux chauves-souris.

1.4 Installer des refuges thermiques dans les hibernacles

Installer des refuges thermiques semble être la stratégie la plus performante de toute la première orientation puisqu'elle a une grande probabilité d'efficience et pourrait engendrer des impacts positifs dès sa mise en place, tout en demeurant relativement simple. Seul son coût reste un désavantage marquant.

1.5 Fournir de la nourriture durant l'hibernation

Fournir de la nourriture durant l'hibernation ne semble pas être une stratégie très performante. Très compliquée à mettre en place, coûteuse et avec une probabilité d'efficacité mitigée, elle n'est pas recommandable. Cependant, si une solution viable est envisageable pour la mettre en place, elle aurait l'avantage d'engendrer des impacts positifs à court terme.

1.6 Utiliser un fongicide sur les parois des cavernes

Utiliser un fongicide sur les parois des cavernes susceptibles d'héberger des chauves-souris a la capacité de générer des impacts positifs à court terme. Toutefois, cette stratégie demeure complexe à mettre en place puisqu'aucune technique pour y arriver ne semble parfaitement au point et qu'encore trop peu d'informations à ce sujet sont disponibles actuellement.

1.7 Modifier les conditions abiotiques des hibernacles

Modifier les conditions abiotiques des hibernacles est une stratégie globalement intéressante, mais qui ne pourrait fonctionner que pour quelques espèces seulement. Il est facilement envisageable que ce genre de stratégie requière des installations relativement complexes à mettre en place et pourrait nécessiter plusieurs essais et erreurs avant d'obtenir une solution durable.

1.8 Éliminer les chauves-souris atteintes

Éliminer les chauves-souris atteintes n'est pas une approche recommandable, car son efficacité est très discutable dans ce contexte-ci, qu'il est difficile de prévoir des impacts positifs à court terme et que le coût y étant relié est élevé, en considérant le personnel nécessaire pour trouver les chauves-souris, pour s'assurer qu'elles sont bien atteintes du SMB et pour procéder à l'abattage des animaux en toute sécurité.

1.9 Contrôler la propagation anthropique du SMB

Éviter la propagation du champignon par l'humain est une stratégie intéressante à mettre de l'avant, surtout qu'elle est très simple et peu coûteuse. Néanmoins, son efficacité et sa capacité à générer des impacts concrets à court terme sont très faibles. Il s'agit donc d'une stratégie à mettre en place sans hésitation, mais qui devrait absolument être accompagnée d'autres stratégies plus efficaces.

ORIENTATION #2 : Stratégies visant la conservation d'habitats propices aux chauves-souris

2.1 Optimiser l'aménagement forestier

Optimiser l'aménagement forestier a l'avantage de concerner toutes les espèces de chauves-souris du Québec, ou presque, dépendamment de l'aménagement choisi, et est efficace pour leur assurer une disponibilité d'habitats de qualité. Cependant, les impacts positifs ne se feront pas immédiatement ressentir et les coûts lui étant reliés peuvent être relativement élevés, bien que la récolte de bois tamponne cet effet. Également, il peut s'avérer complexe de collaborer avec le secteur de l'exploitation forestière pour prescrire des aménagements qui avantagent les chauves-souris.

2.2 Optimiser l'aménagement agricole

Optimiser l'aménagement du paysage agricole est une stratégie très intéressante, d'une part parce qu'elle concerne toutes les espèces et, d'autre part parce qu'elle a le potentiel d'être efficace sans être complexe.

Néanmoins, cela peut prendre un certain temps avant que ce genre de mesures ait des impacts directs sur les chauves-souris.

2.3 Protéger les infrastructures humaines utilisées par les chauves-souris

Protéger les infrastructures humaines utilisées par les chauves-souris est une stratégie très simple, ne demandant que très peu, voire aucun coût, et qui peut être très efficace, car elle répond directement au manque de gîte.

2.4 Installer des nichoirs artificiels

L'installation de nichoirs artificiels est une des stratégies les plus performantes parce que ce type d'infrastructure est très simple à mettre en place, peut s'adapter à tous les budgets et devient efficace dès sa mise en place, ce qui peut être encore plus rapide pour les petits modèles faciles à construire. Pour les espèces habituées à nicher dans des structures artificielles, l'utilisation de nichoirs est une mesure efficace qui a déjà montré sa valeur depuis de nombreuses années. Ce dernier aspect comprend cependant le point faible de cette stratégie, soit le fait que seulement quelques espèces sont visées.

2.5 Créer des aires protégées

Créer des aires protégées est une stratégie intéressante pour sa capacité à protéger des habitats entiers utilisés par les chauves-souris et qu'elle réussit, par le fait même, à aider plusieurs autres espèces fauniques et floristiques du Québec. Néanmoins, une telle stratégie n'est pas simple à mettre en place; elle nécessite de grands investissements et le temps requis pour y parvenir est substantiel. Aussi, il est primordial de considérer le fait que plusieurs espèces de chauves-souris du Québec sont migratrices, ce qui limite dans le temps, en quelque sorte, la protection conférée par les aires protégées.

ORIENTATION #3 : Stratégies visant l'atténuation des impacts des activités humaines

3.1 Resserrer la législation entourant les pesticides

Resserrer la législation entourant les pesticides est une stratégie qui fait partie de celles les moins performantes pour cette orientation. Son plus grand désavantage est de nécessiter un certain temps avant que des bénéfices directs pour les chauves-souris soient ressentis et elle n'est que peu adéquate au niveau de son efficacité, de son coût et de sa complexité. En effet, cette stratégie ne garantit pas le respect des lois ou des règlements, nécessite un certain investissement pour être mise en branle et demeure complexe, comme toute approche législative ou réglementaire.

3.2 Subventionner l'agriculture biologique

Subventionner l'agriculture biologique est la stratégie qui semble la moins intéressante pour cette orientation, non par manque de pertinence, mais surtout à cause des coûts que cela implique et du temps requis avant d'obtenir un effet tangible sur la prospérité des chauves-souris.

3.3 Mieux gérer l'utilisation de pesticides en culture

Mieux gérer l'utilisation de pesticides en culture est une stratégie intéressante, car son potentiel d'efficacité est élevé et elle peut faire économiser de l'argent à long terme aux agriculteurs, ce qui évite que son coût d'implantation devienne un obstacle. Néanmoins, cette stratégie a le désavantage d'être relativement complexe et de nécessiter un effort non négligeable auprès de l'agriculteur pour le pousser à modifier ses habitudes de travail. Beaucoup de sensibilisation et d'éducation seraient probablement de mise pour encourager cette stratégie. Son plus grand désavantage reste de nécessiter un certain temps avant que des bénéfices directs pour les chauves-souris soient ressentis.

3.4 Prôner l'entretien écologique des pelouses

Prôner l'entretien écologique des pelouses est une stratégie très performante, car elle n'engendre que très peu de coûts et demeure relativement efficace pour diminuer l'apport en pesticides dans l'environnement qui nuit aux chauves-souris. En théorie, cette stratégie devrait être très simple à mettre en place, car de nombreux bénéfices découlent de ce type d'entretien pour les citoyens. Cependant, malgré les efforts déployés depuis quelques années à ce propos, le contexte social actuel ne concorde pas encore parfaitement avec ce genre d'idéologie, ce qui peut compliquer l'aboutissement de cette stratégie. Comme toutes les stratégies liées à la diminution de l'utilisation de pesticides, son plus grand désavantage est relié à son incapacité d'engendrer des impacts positifs à court terme.

3.5 Revégétaliser les bandes riveraines

Revégétaliser les bandes riveraines est une stratégie dans la catégorie de celles qui visent à diminuer l'utilisation de pesticides qui a l'avantage d'être la seule qui agit à titre de barrière de protection, ce qui est nécessaire pour s'assurer de capter ces produits toxiques en cas d'accident ou de non-respect des directives. C'est ce qui explique son pointage élevé au niveau de l'efficacité. Cependant, elle est peu performante au niveau des coûts, à cause de l'achat de végétaux et de l'aménagement de ceux-ci, et de sa complexité, puisque cela nécessite beaucoup d'efforts et de volonté pour la mettre en place. Son plus grand désavantage reste qu'elle ne peut engendrer des impacts positifs à court terme.

3.6 Éviter d'installer des éoliennes dans les couloirs migratoires

Éviter d'installer des éoliennes dans les couloirs migratoires n'agit pas sur l'entièreté des espèces de chiroptères du Québec puisqu'elle concerne principalement les espèces migratoires. Néanmoins, son efficacité potentielle et sa capacité à générer des impacts à court terme sur les chauves-souris en font une stratégie tout de même intéressante. Son grand désavantage réside dans sa complexité, puisqu'il faut d'abord identifier les couloirs de migration des chauves-souris avant de les imposer comme contrainte à l'industrie éolienne.

3.7 Éviter d'installer des éoliennes en milieu forestier

Éviter d'installer des éoliennes en milieu forestier est une stratégie d'optimisation de l'installation des éoliennes déjà plus intéressante de la précédente, car elle concerne toutes les espèces de chauves-souris et elle est moins complexe, de par le fait qu'il est facile d'identifier des forêts.

3.8 Arrêter le mouvement des éoliennes lors de vents faibles

Arrêter le mouvement des éoliennes lors de vents faibles est une des stratégies les plus performantes de toute cette orientation, car pratiquement toutes les espèces présentes au Québec sont vulnérables à la présence d'éoliennes. Aussi, cette stratégie a un réel potentiel d'efficacité et pourrait avoir des impacts immédiats sur la mortalité des chauves-souris. Son grand désavantage est lié aux coûts, puisqu'elle provoque nécessairement une baisse de revenus lorsque les pales d'éolienne cessent d'être en fonction.

3.9 Installer des structures de traverse routière

Installer des structures de traverse routière est une stratégie peu performante. Bien qu'elle touche toutes les espèces du Québec et qu'elle n'est pas très complexe à mettre en place, cette dernière n'a pas encore réussi à prouver son efficacité dans les endroits où elle a été testée. Son coût d'implantation peut aussi être élevé, tout dépendamment du nombre et du type de structures de traverse routière choisies.

3.10 Réduire l'éclairage extérieur

Réduire l'éclairage extérieur est une des deux stratégies les plus performantes de cette troisième orientation. Elle comporte de nombreux avantages. Son coût est pratiquement nul, même qu'elle peut faire économiser de l'argent. Elle engendre instantanément des impacts positifs sur les chauves-souris, elle n'est pas du tout compliquée, elle concerne toutes les espèces et elle demeure plutôt efficace, dans la mesure où elle est mise en branle dans des endroits susceptibles d'être fréquentés par des chauves-souris.

3.11 Interdire l'utilisation de caméras

Interdire l'utilisation de caméras dans les cavernes touristiques est la seconde stratégie la plus performante au sein de cette orientation. Son grand avantage est lié à sa simplicité de mise en place, doublée de son coût minime requis.

3.12 Restreindre l'accès aux cavernes

Restreindre l'accès aux cavernes est une autre stratégie intéressante, surtout pour sa simplicité. Elle peut toutefois engendrer certains coûts en lien avec une possible baisse de l'achalandage, en période de pointe, des activités touristiques.

3.13 Optimiser l'aménagement des cavernes touristiques

Optimiser l'aménagement des cavernes touristiques est la dernière stratégie proposée dans le cadre de la troisième orientation. Un peu moins intéressantes que la plupart des autres, cette stratégie requiert certains coûts, plus ou moins élevés, et demande des efforts pour être mise en place. Également, son efficacité ne peut être totalement optimale, puisque la présence même de touristes reste un élément potentiellement perturbateur pour les chauves-souris.

ORIENTATION #4 : Stratégies visant l'appui du public*

***À noter que toutes les stratégies de cette orientation ont les avantages communs de concerner toutes les espèces de chauves-souris et de ne nécessiter que peu de coûts ainsi que le désavantage commun de n'engendrer aucun impact positif à court terme.**

4.1 Établir un plan de communication

Établir un plan de communication est une stratégie surtout intéressante pour la rigueur qu'elle confère à l'ensemble des mesures de communication, car elle permet d'optimiser leur coordination. Elle demeure toutefois complexe dans le sens que des efforts doivent être déployés pour la mettre en place de manière adéquate.

4.2 Produire des documents d'information générale

Produire des documents d'information générale est une stratégie plutôt intéressante parce qu'elle est simple. Son efficacité est cependant mitigée, surtout s'il s'avère que les Québécois connaissent déjà bien les chauves-souris.

4.3 Informer sur les avantages découlant de la conservation des chauves-souris

Informer les gens des avantages découlant de la conservation des chauves-souris est une des deux stratégies les plus performantes de cette orientation. Elle a le potentiel de convaincre les gens que la présence de chauves-souris est très utile sur plusieurs aspects, ce qui est un élément clé pour obtenir l'appui du public dans sa conservation et c'est ce qui explique son efficacité supérieure aux autres stratégies de cette orientation.

4.4 Diffuser les objectifs du programme de conservation

Diffuser les objectifs du programme de conservation est une stratégie intéressante, surtout par souci de transparence et qu'il est simple de la mettre en place. Cependant, les informations véhiculées dans ce cas-ci sont plus techniques et ne sont pas nécessairement destinées à l'ensemble du public, ce qui peut réduire considérablement l'efficacité de cette stratégie et, par le fait même, sa performance totale. Toutefois, il est important de permettre à toute personne désirant les obtenir d'y avoir accès facilement.

4.5 Diffuser des nouvelles sur la situation des chauves-souris

Diffuser des nouvelles sur la situation des chauves-souris est une stratégie similaire à la précédente au niveau de sa performance : simple à mettre en place, mais pouvant être peu efficace, surtout si aucune nouvelle positive ne semble paraître à propos des chauves-souris sur une longue période de temps.

4.6 Informer les gens sur leur capacité à participer à la conservation des chauves-souris

Informer les gens sur leur capacité à participer à la conservation des chauves-souris est la seconde stratégie la plus performante de cette dernière orientation. L'efficacité plus importante de cette stratégie s'explique par son potentiel d'augmenter le sentiment d'appartenance au projet tout en encourageant la mise en place de mesures concrètes qui peuvent véritablement avoir une incidence positive sur le rétablissement et le maintien des populations de chauves-souris. Il s'agit d'une approche simple qui peut réussir à faire prendre conscience au public qu'il a le pouvoir de faire une différence.

4.7 Sensibiliser les gens à l'importance de la création d'aires protégées

Sensibiliser les gens à l'importance de la création des aires protégées est une stratégie relativement intéressante, du fait qu'elle peut faire réaliser aux gens que la présence d'aires protégées est vitale pour la conservation de beaucoup d'espèces. Cependant, elle peut être compliquée à mettre en place, puisque défendre l'intérêt des aires protégées, qui sont souvent associées à une limitation d'activités de plaisance de bien de gens, ou encore à un frein du développement urbain, peut être difficile. Aussi, son efficacité peut être moindre que d'autres stratégies, car elle n'est pas totalement reliée au cas des chauves-souris.

www.ingramcontent.com/pod-product-compliance
Lightning Source LLC
Chambersburg PA
CBHW021039210326
41598CB00016B/1071